基于情报分析的北京都市型节水农业发展问题与对策研究

◎ 张惠娜　张　伟　袁顺全　著

中国农业科学技术出版社

图书在版编目（CIP）数据

基于情报分析的北京都市型节水农业发展问题与对策研究／张惠娜，张伟，袁顺全著.—北京：中国农业科学技术出版社，2017.6

ISBN 978-7-5116-2611-0

Ⅰ.①基… Ⅱ.①张…②张…③袁… Ⅲ.①节水农业-农业发展-研究-北京 Ⅳ.①S275

中国版本图书馆 CIP 数据核字（2017）第 127458 号

责任编辑　　李　雪　徐定娜
责任校对　　贾海霞

出 版 者　中国农业科学技术出版社
　　　　　北京市中关村南大街 12 号　邮编：100081
电　　话　（010）82109707　82105169(编辑室)
　　　　　（010）82109702(发行部)（010）82109709(读者服务部)
传　　真　（010）82106626
网　　址　http://www.castp.cn
经 销 者　各地新华书店
印 刷 者　北京富泰印刷有限责任公司
开　　本　710mm×1 000mm　1/16
印　　张　10.25
字　　数　110 千字
版　　次　2017 年 6 月第 1 版　2017 年 6 月第 1 次印刷
定　　价　36.00 元

目　　录

1

第一章 绪 论

水资源是农业发展的决定性因素之一，是农业发展的命脉。我国"收多收少在于肥，有收没收在于水"的传统农谚讲的就是水资源对于农业生产的重要性。"水利兴则天下定，仓廪实而百业兴"则从另一个侧面体现了水资源的开发和利用对传统农业社会经济发展的深刻影响。

我国是个水资源分布极不平衡的国家，不同地域会因水资源分布情况形成不同的农业用水文化及农耕生产方式。在我国水资源充沛的区域，农业灌溉大多以粗放的大水漫灌方式进行。在我国水资源匮乏的地区，人们在长期的农业实践中，不断总结摸索，通过农业灌溉工具的技术革新、水利工程设施的建设及水资源的精细化管理等手段，实现农业用水的有效开采、运输及充分利用。例如，我国三国时期就发明了翻车这种灌溉工具来灌溉农田，唐朝时发明了筒车作为农业灌溉工具。古代先人们还通过水利治水工程的修建，为农业生产提供水资源保障。比如，秦国的李冰父子在岷江中游修建的都江堰，保证了防洪、灌溉、水运和社会用水综合效益的充分发挥，使成都平原发展成了"天府之国"。新疆的坎儿井更是古代中国开发利用地下水集水建筑工程的典范，体现了古人在用水方面的智慧。但在以一家一户为生产单位的自然经济条件下，兴修水利是非常困难的。在水利事业滞后、且水资源匮乏的区域，改进耕作方法，增加抗旱能力这种农业生产方式更为可行。畎亩法、代田法、区种法等就是古代中国先人发展节水农业的典型形态。《齐民要术》一书便详尽地探讨了抗旱保墒的问题。魏晋时期形成的耕、耙、糖三位一体的旱地耕作技术体系是我国节水农业发展过程中的杰作。

可以说，我国漫长的农耕文化中形成的节水技术体系，是我国现代节水农业发展的技术基础；而围绕节水、用水发展起来的节水文化环境氛围，则是我国节水农业发展的文明源头，并为现代节水农业的发展提供了坚实的群众基础。

一、都市型节水农业的概念与类型

我国是一个水资源严重缺乏的国家，随着水资源的日益短缺以及人们节约资源意识的逐步提升，合理有效利用水资源，发展节水农业，成为现代农业转型升级的必然选择，也是我国农业未来发展的总体方向。

1. 都市农业的概念与类型

"都市农业"（Urban Agriculture）是在靠近城市及其延伸地带发展起来的，紧密依托城市的科技、人才、资金和市场优势，面向城市市场需求，以生态农业、观光农业以及高科技农业为表现形态，以园艺化、设施化以及特色化为主要手段，融生产性、生活性、生态性和教育性于一体，在为城市居民提供健康、优质的农副产品的同时，还为城市居民提供良好生态环境、科普教育场所及休闲场所的一种现代农业方式。

都市农业与传统农业不同之处之一，就在于其多功能性。这体现在，都市农业不仅具有粮食生产和食品供应的功能，还在保持生态平衡、维护自然景观、保护文化遗产、农业科普等方面发挥着不可替代的重要作用。都市农业的发展还可大大促进城乡之间的沟通和交流，有利于缩小城乡之间发展的鸿沟。

都市农业大致包括观光农园、市民农园、休闲农场、教育农园等不同类型，具体类型及其特点如下。

（1）观光农园

在城市化发展的浪潮下，观光农园发展成为现代农业的一种新模式。观光农园是以农业资源为基础，将观光园林与农业生产有机结合起来的一种形式，是农业发展的现代形态。观光农园并非是农业生产与园林元素的简单叠加，而是将农、娱、育合为一体，为来访者提供一种集观赏性、娱乐性和科普性于一体的微观环境，是农业生产的一种现代创新。

（2）市民农园

市民农园是由农民提供耕地并协助种植管理，由城市居民出资认购并参与耕作，其收获的产品为认购的居民所有的一种农业发展新形态。城市居民在市民农园劳作期间，一方面体验了农业生产劳动的乐趣，另一方面，确保了所种植及收获的农产品的健康和卫生。市民农园是近年来兴起的一种农业生产经营形式。

（3）休闲农场

休闲农场是伴随着乡村旅游发展起来的一种新的农业发展形态。休闲农场是以农民为经营主体，以特色乡村民俗文化为卖点，以城市居民为招揽目标的农村休闲旅游形式。游客在休闲农场中，不仅可以观光、采果和体验农作，从而了解农民生活，还可以在休闲农场食宿、游乐、度假，享受农村乡土情趣。

（4）教育农园

教育农园是以农业生产过程、农产品、农村生活文化以及农村的自然生态等农村资源为基础，针对城市中的幼儿园儿童、中小学生或一般游客设计的一种农业生产模式。通过教育农园提供的翔实的标识、引导、解说，满足游客在教育农园中学习农业生产相关知识、体验农村文化生活的需求，通过参观者参与教育体验活动，使参观者在参观游玩中实现自然和生态教育，是一种新兴的农业经营类型。

2. 节水农业的概念与类型

当前，学界从不同视角对节水农业做出了不同的定义，比如，彭福茂（2015）认为，节水农业是节约用水和高效用水的农业，其内涵是以农业生产为核心，采用工程、机械、农艺、生物和管理等综合措施，提高天然降水和灌溉用水的利用效率和生产效益，在水资源有限的条件下实现农业生产的效益最大化。山仑等认为，节水农业是充分利用自然降水和高效利用灌溉水的农业，是在农业生产过程中的全面节水，既包括灌溉农业，又包括旱作农业；既包括工程节水又包括农业节水和生物节水，可分为节水灌溉农业、旱作农业和有限灌溉农业三种类型（山仑，康绍忠，吴普特，2004）。董克宝等学者认为，节水农业的核心是在有限的水资源条件下，采用先进的工程技术、适宜的农业技术和用水管理技术等综合措施，充分提高农业用水的利用效率和生产效益。目标是在农业供水量不变甚至减少的情况下，逐步扩大灌溉面积，增加农作物产量，提高经济效益，促进农民增收，最终实现农业持续稳定发展（董克宝，何俊仕，2007）。

从以上说法可以看出，虽然对节水农业的概念因视角及专业背景的不同而有所差异，但各种概念界定又有着某些共性特征。本研究基于这些共性特征指出，节水农业是在遵循农业用水规律的前提下，为充分利用当地水资源、获取农业收益最大化而采用的一种特定生产方式。节水农业包含以下几个方面的特点。

（1）充分用水

节水农业首先是要充分利用可获得的水资源，包括冰川融水、河流水、自然降水、地下水乃至海水，还包括充分利用经处理后的城市和乡村工业的生活污水和地下微咸水。节水农业通过充分利用水资源，保障农作物生长所需要的水分，从而增加农作物产量。

（2）有效节水

节水农业不但要实现充分用水，还需要做到有效节水。在水资源匮乏的情况下，节水农业通过有效节水，将水资源

6

最大化地作用于农作物生长与农业发展需要。在水资源充分的情况下，节水农业通过最少的水资源利用，实现作物产量的最大化。通过防治和治理农业用水污染，也可实现有效节约农业用水。

（3）技术驱动

节水农业往往是依靠农业技术驱动发展起来的，根据地域及经济社会发展特点与农业发展需求，节水农业需要不断将渠道防渗技术、低压管道灌溉技术、喷灌技术、微灌技术、新型节水专用材料与灌溉系统水量监控与调配等技术应用到农业生产过程中去，实现有效的田间管理和精准灌溉，以实现水资源的高效利用。

（4）效益明显

节水农业发展有着明显的社会生态效益和经济效益。其中，最大的效益就是能够促进水资源节约和农作物产量增长，可促进节水模式由低效落后向高效先进转变、种植结构由高耗水作物向低耗高产高效作物转变、生产经营方式由传统种植分散经营向设施化种植规模化生产转变（雷汉发，2013）。节水农业对于合理利用水资源、改善农业生态环境有着重要的社会生态意义。同时，发展节水农业还有着较好的经济效益，可有效节约用水、用肥，节省土地和人力并提高产量，从而减少农业生产成本，促进农民增收。

常见的节水农业包括以下几种类型。

（1）农艺节水

农艺节水属于农学范畴，是根据种植区的气候、地形、经济等因素，通过选用节水抗旱品种、改革耕作制度和种植制度，利用农业综合技术，充分开发各种形式水资源，抑制土壤水分蒸发和作物蒸腾，提高作物水分生产率，达到节水的目的。农艺节水措施包括调整作物种植结构、采用耐旱节水品种、加强耕作覆盖或塑膜覆盖、推行节水灌溉技术等（何俊仕等，2005）。农艺节水与农业生产过程紧密联系在一起，可大范围内发挥实效，更能体现农业节水的实质（高传昌等，2013）。

（2）管理节水

管理节水属于农业管理范畴，主要是通过采用科学的灌溉方式，提高灌溉管理水平，最大限度地满足作物对水分的需求，从而实现农业节水的目的。管理节水包括根据作物需水量和对土壤墒情的监测，进行适时适量的科学灌溉，还包括通过加强管理，对灌溉用水进行科学合理的调度与分配。管理节水还包括改革用水价格机制，通过水价的调整，提高农民的节水意识。

（3）工程节水

工程节水属于农业工程范畴，工程节水体现在输水工程、灌水工程、集水工程等多个农业用水管理环节。在输水工程阶段，工程节水体现在渠道防渗技术、管道输水技术等的使用。在灌水工程阶段，工程节水体现在微灌技术、喷灌技术、膜上灌技术、波涌灌溉技术等的集成与创新。在集水工程阶段，工程节水主要体现在拦河引水工程、塘坝工程、方塘工程、大口井工程、水池工程、水窖工程等的开发与利用。

（4）生物节水

生物节水是通过研究作物的需水规律及地区水供给能力，在遵循不同作物水需求规律及地区水资源特点的基础上，针对地区水资源状况及不同作物的水需求，采取相应的生物节水对策，从而提高植物本身的水分利用效率。生物节水包括合理布局作物、利用栽培技术提高作物抗旱能力及选育节水抗旱作物品种等。比如，在年降水量350毫米左右的西北干旱、半干旱地区，谷物类作物生长所需水分较多，而马铃薯生长需水较少，其最低蒸腾系数（需水量）只有350，小麦、水稻分别是450和500（乔金亮，2016）。因此，从生物节水的角度来看，这一地区就应选育和种植需水量少的马铃薯，而不是小麦和水稻等高耗水作物。在这种水资源短缺地区，利用遗传和育种的方法培育抗旱品种，也是生物节水的重要内容。

（5）化学节水

化学节水是农业节水技术中的重要措施。化学节水是通过利用吸水保水、抑制蒸发、减少蒸腾等方法，在干旱时期提高降雨保蓄率和水分利用效率。常见的化学节水技术包括保水剂和抗旱剂，还包括利用植物生长调节剂、无机化合物、有机小分子化合物、有机高分子化合物等对植物生长状况进行干预，从而实现农业节水。

3. 都市型节水农业的概念及特点

都市型节水农业是在我国都市普遍缺水的背景下，通过工程、技术和设施的利用以及管理的提高等特定的方式和方法，进行水、土、作物资源的综合开发和利用，从而提高都市农业用水的有效性，是农业现代发展的新形态。都市型节水农业的出现，是由城市的自然资源状况及社会需要决定的，充分体现了城市水资源限制对农业发展的要求。

都市型节水农业包括以下几个方面的特点：①都市型节水农业是在城市化地区及周边地带发展起来的农业形态，其生产、流通、消费以及空间布局和结构安排等，必须服从城市的经济社会发展需求及城市的自然资源局限，尤其是水资源局限。②都市型节水农业不仅是对农业经济功能的开发，还是对农业的生态功能和社会功能的开发。③都市型节水农业的生产和经营表现出高度的集约化和规模化，在农业的多功能开发下，实现农业生产、加工和销售的一体化发展。

二、大力发展都市型节水农业的必要性

水资源是重要的战略资源，对于水资源匮乏的我国来说，尤其如此。水资源短缺已成为制约我国农业发展的重要因素。大力发展节水农业是我国建设农业生态文明的重要内容，是建设资源节约、环境友好型社会的组成部分。

1. 我国农业缺水现象较为严重，已影响农业生产

我国是个水资源匮乏的国家，干旱缺水较为严重。全国多年平均缺水量为 536 亿立方米，且缺水原因复杂，存在着工程性、资源性、水质性、管理性缺水并存现象。其中，由于我国农业生产耕作方式和地区水资源分布影响，农业用水占全社会用水比例一直较大，是我国用水大户。目前农业缺水约 300 亿立方米（乔金亮，2016）。2016 年，虽然农业用

水量占全社会用水量的比例从 2000 年的 63%降到了 55%，但仍占一半以上（乔金亮，2016）。而在西北、华北等缺水地区，这一比例甚至达到 80%以上。

在农业用水总量中，农田灌溉用水量占比较大。有研究显示，我国农田灌溉用水量 3 600 亿~3 800 亿立方米，占农业用水量的 90%~95%（赵永志，2014）。而缺水干旱已严重影响了我国的农业生产。据统计，20 世纪 50 年代，我国每年旱灾面积约为 1.5 亿亩（1 亩≈666.7 平方米，1 公顷＝15 亩，全书同）。而在 2014 年，全国作物受旱面积达 3.4 亿亩、受灾面积 1.8 亿亩、成灾面积 8 516 万亩、绝收面积 2 227 万亩，因旱造成粮食损失 2 006 万吨、经济作物损失 276 亿元、直接经济总损失 910 亿元，共有 1 783 万人、883 万头大牲畜因旱发生饮水困难（刘彦领，2014）。我国全部耕地中只有 40%能够确保灌溉，全国正常年份农业缺水量占 300 亿立方米。据测算，即使在不增加现有农田灌溉用水量的情况下，2030 年，全国农业缺水 500 亿~700 亿立方米。

2. 我国人均淡水资源匮乏，城市供水量不足

据统计，我国水资源总量为 2.84 万亿立方米，居世界第 6 位。但我国水资源分布不均衡，不仅存在着时空分布不均衡的特点，还存在着水土资源不匹配和人均占有量少的特

征。由于我国人口总量居世界首位，人均水资源占有率仅有2 220立方米，人均淡水资源占有量仅为世界平均水平的四分之一左右，属于人均水资源十分匮乏的国家。在这样的自然资源背景下，水资源短缺已成为制约我国经济社会持续发展的重要因素之一。

我国城市水资源匮乏现象尤为突出，城市供水量严重不足。目前，在我国现有的660多个城市中，缺水城市达400多个，也就是说，有约三分之二的城市缺水，其中，严重缺水城市114个，约占总数的四分之一。在严重缺水城市中，北方城市占71个，南方城市有43个。即便以多水著称的长江流域，也有59个城市、155个县城缺水。

在这些缺水城市中，水资源匮乏的成因十分复杂。有的城市是资源性缺水、水质性缺水，还有的城市是生态型缺水，还有的城市出现了多种缺水形式共存的局面。

资源性缺水是指当地水资源总量少，形成供水紧张，如京津冀地区、西北地区等。水质性缺水是大量排放的废污水造成淡水资源受污染而短缺的现象，这在沿海经济发达地区比如珠三角等地区比较常见。而更多的城市已不能再简单归结为资源型缺水或者水质型缺水，而是形成了资源型缺水或者水质性缺水、生态型缺水共存的复杂局面。

严重缺水已成为各大城市发展不得不面对的现实，缺水成为我国大型城市发展的一大瓶颈。

3. 我国耕地以旱作地为主，对水资源依赖性较大

我国农业生产以旱作地为主，对水资源依赖性较大。根据《2014 中国国土资源公报》，我国现有耕地 20.27 亿亩，其中有 50% 左右是旱作耕地，而粮食产量却只占总产的 45%。尤其是在北方干旱、半干旱地区，由于水资源稀缺，生态环境较为脆弱，农业生产对水资源依赖性较大，而这些地区主要依靠自然降水从事农业生产，"靠天吃饭"现象较为普遍。

4. 我国农业用水利用率低，水资源浪费现象严重

在普遍缺水的情况下，我国的农业用水利用率还比较低，农业用水中的浪费现象相当严重。我国农业用水利用率低，主要体现为农田灌溉水利用率不高。灌溉水利用率低的原因在于节水器械技术水平不高、管理存在漏洞、民众节水意识不强等方面。

根据农业部 2012 年统计，在全国 9.05 亿亩灌溉面积中，工程设施节水面积仅占 44.3%；在 23 亿亩农作物播种面积中，农艺节水面积仅占 17.4%。我国农业灌溉水利用率目前只有 46%，农田灌溉单方水的粮食产出仅为 1 千克左右，而先进发达国家则为 2 千克，以色列达到 2.35 千克。若将农田

灌溉水的利用率由目前的 45% 提高到发达国家的水平 70%，则可节水 900 亿~950 亿立方米（赵永志，2014）。

以农田灌溉水的运输为例，我国仍存在着大量未经过防渗处理的土渠道，农业灌溉用水在渠道输水过程中损失的水量数量相当庞大（据河南省人民胜利渠的试验资料，包括渗水损失，漏水损失和水面蒸发，三者分别占总输水损失的 81%、17%、2%），其中渗漏损失最为严重，导致渠道的水利用系数一直居高不下（许建中，2004）。针对这种水资源浪费，通过渠系防渗处理等节水技术就可以节约大量的水资源。因此，大力发展节水农业非常有必要。

我国农业用水利用率低，还体现在自然降水利用率较低上。自然降水是旱地农田唯一的水分来源，提高自然降水的利用率是提高旱地生产水平的根本途径。但目前，我国农田对自然降水的利用率较低，仅达到 56% 左右（赵永志，2014）。可以说，只要不断提升节水技术和加强用水管理，未来，我国农业节水空间很大。

我国水资源环境特点、农业技术现状及农业生产力水平决定了我国必须走节水农业的发展道路。一方面，我国农业缺水现象较为严重，水资源紧张。另一方面，我国农业用水方式较为粗放，农业用水浪费现象较为严重。农业灌溉水利用率、自然降水利用率亟待提高。我国农业用水供需矛盾长期处于尖锐状态，这不同程度地威胁着国家粮食安全，也给农业的健康发展蒙上了阴影（秦志伟，2015）。在这种背景下，大力发展节水农业，不仅仅是我国农业发展层面的事，更是关系到我国经济社会发展的长远大计。充分开发和利用水资源、不断提高农业用水效率，大力发展节水型农业，可以极大地减少我国淡水资源的利用，提高干旱地区的农作物产量，是我国经济和社会可持续发展的必由之路。为此，2012 年，我国农业部出台了《农业部关于推进节水农业发展的意见》，以推动节水农业的发展，并提出 2020 年全国农业灌溉用水量保持在 3 720亿立方米的目标。

第二章　我国节水农业发展现状

我国是一个人均水资源严重匮乏的国家，农业发展面临着水资源短缺的困境。在农业用水匮乏的现实条件下，农业生产中还存在着用水效率不高、用水浪费等现象。这使得我国农业发展与水资源匮乏的矛盾越来越突出。大力发展节水农业，是破解我国水资源短缺、农业用水效率不高这一矛盾的唯一途径。而我国政府对节水农业发展的重视、农业节水技术的快速发展以及民众农业节水理念的不断提高，则为我国节水农业的发展提供了可能性。

一、我国节水农业发展历程

新中国成立以来，党和政府大力进行水利建设，不断从地表水、地下水乃至海水中开发水资源用于农业生产。近年来，我国大力发展节水农业，推动农业的可持续发展。总体上看，我国节水农业发展分为起步发展阶段、规范发展阶段、重点发展阶段和快速发展阶段四个阶段。

1. 起步发展阶段

20 世纪 50 年代至 20 世纪 70 年代末期，这一阶段是我国节水农业发展的起步阶段。20 世纪 50 年代，我国的节水技术比较落后，田间管理较为粗放，用水整体效率较低。在这一发展阶段，我国的农业灌溉仍是以传统的畦灌、沟灌、淹灌和漫灌等农田灌溉方式为主。这些传统的灌溉方式往往耗水量大、水资源利用率较低。

随着我国生产力的发展及农业技术水平的提高，我国开始不断加强水利建设，逐步建立和完善灌溉制度，创建灌溉试验站，加强农业设施的推广和使用，提高农业用水效率，保障农作物产量。为了提高农业用水效率，20 世纪 50—60 年代，我国开始着手开展节水灌溉技术的研究与管理，并将重点放在节水工程技术的研究上，并在现实农业生产中进行了推广和应用。20 世纪 70 年代初，我国对自流灌区的土质渠道进行了防渗衬砌。70 年代中期，我国开始逐步试验推广喷灌、滴灌等节水灌溉技术（黄永基，陈明，2011）。到 20 世纪 70 年代末，我国灌溉水利用系数为 0.3 左右，平均每公顷灌溉用水量约为 8 000 立方米，每立方米水生产粮食 0.6 千克左右。

2. 规范发展阶段

20 世纪 80 年代，是我国节水农业规范发展阶段。1988 年，我国颁布了《中华人民共和国水法》（简称《水法》），《水法》明确规定，水资源属于国家所有，即全民所有；农业集体经济组织所有的水塘、水库中的水，属于集体所有。水资源实行统一管理与分级、分部门管理相结合的制度。在水源不足地区，应当采取节约用水的灌溉方式。实行用水许可制度，但家庭生活、畜禽饮用取水和其他少量取水的，不需要申请取水许可。《水法》从法律层面对我国水资源的所有权、水资源管理及用水发展战略进行了法律规定，并明确要求水源不足地区，应发展节水农业，采用节水农业的灌溉方式。《水法》的颁布和实施，促使我国的节水农业进入了规范发展阶段。

在这一时期，我国在水利设施建设方面的投入大幅降低，致使这一时期灌溉面积大幅下降，干旱逐渐成为农业生产的重要制约因素。随着农业用水连年增加，农业缺水的矛盾日益凸显，从而对农业灌溉技术提出了更高的要求。在这种背景下，节水农业逐渐受到国家的重视。20 世纪 80 年代，国内对喷灌、滴灌等技术进行了一定的研究，农业节水技术在这一时期大幅度提高。在这一时期，我国在全国范围推行了泵站和机井节能节水技术改造，低压管道输水技术进入了推广阶段，并开始在北方井灌区推广低压管道输水技术。据统计，20世纪80年代末期，我国的灌溉水利用系数达到了0.35左右。

3. 重点发展阶段

20世纪90年代，是我国节水农业的重点发展阶段，节水农业发展越来越受到国家的重视。党的十五届三中全会通过的《中共中央关于农业和农村工作若干重大问题的决定》明确提出，要"大力发展节水农业，把推广节水灌溉作为一项革命性措施来抓"。

在这一阶段，国家重点支持了一批节水农业攻关项目，为节水农业发展提供了大量的财政支持，支持一批重点县、大型农业灌溉区进行配套设施建设和技术改造。从90年代开始，在节水农业领域，我国开始逐步实现工程技术、节水技术和管理技术的有机结合。在国家政策的支持和引导下，我国节水农业开始稳步发展。截至1998年，全国节水灌溉面积达1 533.3万公顷，全国平均渠水利用系数为0.4~0.6，灌区田间水利用系数是0.6~0.7，灌溉水利用系数为0.5左右（贾立忠，王颖慧，王建中，2010）。

4. 快速发展阶段

进入21世纪以来，节约水资源、水土保持作为基本国策，水资源的开发、节约和利用日益受到国家的关注，一系列支持节水农业发展的政策文件密集出台，我国节水农业进入了快速发展阶段。

这一阶段，国家对节水及节水农业发展的政策支持力度不断加大。党的十五届五中全会通过的《中共中央关于制定国民经济和社会发展第十个五年计划的建议》明确提出了节水工作的指导方针。该《建议》提出，"水资源可持续利用是我国经济社会发展的战略问题，核心是提高用水效率，把节水放在突出位置。要加强水资源的规划与管理，协调生活、生产和生态用水。城市建设和工农业生产布局要充分考虑水资源的承受能力。大力推行节水措施，发展节水型农业、工业和服务业，建立节水型社会。……改革水的管理体制，建立合理的水价形成机制，调动全社会节水和防治水污染的积极性。"2001 年，《全国节水规划纲要（2001—2010年）》明确提出，我国国情、水情和经济社会发展的需要决定了节水是我国的一项重大国策。2007 年，国家发展和改革委员会、水利部、住房和城乡建设部发布了《节水型社会建设"十一五"规划》，确定了节水型社会建设的重点和对策措施。

在国家对节水工作的高度重视下，我国的节水农业步入发展快车道，进入了快速发展阶段。在农业领域，以提高灌溉水利用效率为核心，结合新农村建设，我国开始优化配置水资源，逐步调整农业种植结构，加快建设农业节水基础设施，对现有大中型灌区进行续建配套和节水改造，优先在粮食主产区、严重缺水地区以及生态脆弱地区发展节水灌溉和开展旱作节水农业示范试点，推广和普及节水技术，并日益重视对农业节水技术的研发。

2010 年，科学技术部出台了《农业节水科技奖奖励办法》，旨在奖励在农业节水领域的科学研究、技术开发、工程设计、建设、施工和安全生产中的重大专题研究成果、为农业节水领域决策和管理提供理论和实践依据与方法的优秀科研成果、标准化和科技情报研究成果以及在推广、采用或消化、吸收国内外已有的先进农业节水科学技术成果做出突出成绩或有所创新、发展的个人或组织。

2012 年，国务院发布了《国家农业节水纲要 （2012—2020 年）》，对我国发展节水农业、建设节水型社会发挥了重要作用。《节水纲要》明确提出，到 2020 年，全国基本完成大型灌区、重点中型灌区续建配套与节水改造和大中型灌排泵站更新改造，小型农田水利重点县建设基本覆盖农业大县；全国农田有效灌溉面积达到 10 亿亩。《纲要》规划推进五项农业节水重点工程建设。一是大中型灌区节水改造工程，骨干工程和田间工程同步改造，优先安排粮食主产区、严重缺水和生态环境脆弱地区的灌区续建配套与节水改造。二是高效节水灌溉技术规模化推广工程，以东北、西北、黄淮海地区为重点，集工程、农艺、农机和管理等措施于一体，建设一批高效节水灌溉技术规模化推广工程。三是旱作节水农业技术推广示范工程，建设旱作节水农业示范县，完善田间基础设施，推广改土、覆盖、倒茬、平整土地和秸秆还田、土壤墒情监测等技术。四是农业节水技术创新工程，开展节水灌溉技术标准、灌溉制度、新产品与新技术研发和综合节水技术集成模式等方面的联合攻关，集成和再创新形成适应我国不同地区的农业节水模式，并加大技术推广力度。五是山丘区"五小水利"工程，以西南地区为重点，在具有一定降水条件的地区大力推进"五小水利"工程建设，改善农业生产和农民生活条件。

2012 年，农业部发布了《农业部关于推进节水农业发展的意见》，《意见》提出，"十二五"期间，结合国家现代农业示范园区创建，全国建设 100 个有特色、成规模的节水农业核心示范区，新增节水农业技术示范推广面积 1 亿亩，灌溉水和自然降水生产效率提高 10%。《意见》还提出了实现"一个促进、两个缓解、三个提高"（即促进粮食增产和农民增收；缓解农业生产缺水矛盾，缓解干旱对农业生产的威胁；提高水分生产力，提高农业抗旱减灾能力，提高耕地综合生产能力）的总体目标，并不断强化发展节水农业的保障措施。

2014 年 10 月，水利部、农业部等进一步深化全国农业水价综合改革试点，通过水价改革调节农业用水量促进我国节水农业发展。在全国27个省份选择80个县试点完善农业节水政策措施，包括在试点地区明晰农业水权，实行用水总量"封顶"政策；全面实行终端计量供水，地表水灌区计量到斗渠口及以下，井灌区计量到户；探索实行分类价格政策，区分地表地下水源、种植养殖品种等实行不同的水价；建立精准补贴机制和节水奖励机制，对节水户给予奖励（乔金亮，2016）。

2015年出台的《全国农业可持续发展规划（2015—2030年）》对我国的节水农业发展提出了明确的要求和规划。《规划》明确提出，要节约高效用水，保障农业用水安全，并实施水资源红线管理、推广节水灌溉、发展雨养农业。《规划》提出，到2020年，全国农业灌溉用水量保持在3 720亿立方米，农田灌溉水有效利用系数达到0.55，发展高效节水灌溉面积2.88亿亩。

2016年7月1日起施行的《农田水利条例》，从农田水利方面，对我国农田水利的规划、建设、运行维护等环节进行了规范，并鼓励单位和个人投资建设节水灌溉设施，采取财政补助等方式鼓励购买节水灌溉设备。其中，第三十二条明确提出，"国家鼓励推广应用喷灌、微灌、管道输水灌溉、渠道防渗输水灌溉等节水灌溉技术，以及先进的农机、农艺和生物技术等，提高灌溉用水效率。"第三十三条指出，"国家鼓励企业、农村集体经济组织、农民用水合作组织等单位和个人投资建设节水灌溉设施，采取财政补助等方式鼓励购买节水灌溉设备。"第三十四条明确要求，"规划建设商品粮、棉、油、菜等农业生产基地，应当充分考虑当地水资源条件。水资源短缺地区，限制发展高耗水作物；地下水超采区，禁止农田灌溉新增取用地下水。"

党的十八大提出，要完善最严格的水资源管理制度，深化资源性产品价格改革。党的十八届三中全会通过的《中共中央全面深化改革若干重大问题的决定》提出，完善主要由市场决定价格的机制，加快自然资源及其产品价格改革，全面反映市场供求、资源稀缺程度、生态环境损害成本和修复效益。适当提高水资源费的征收标准，针对不同类型的用水形成更为合理的动态收费标准。

经过多年的发展，我国节水农业发展取得了较好的成绩。主要体现在：农业用水量逐步减少，用水效率有所提高。

在年均农业用水量方面，我国农业年均用水量呈现出递减的趋势。以北京地区为例，调查数据显示，1980年到1989年，北京年均农业用水量为23.14亿立方米；1990年到1999年，年均农业用水量为19.79亿立方米；2000年到2009年，年均农业用水量为13.91亿立方米；2010年到2014年，年均农业用水量为9.78亿立方米。2014年农业用水量8.2亿立方米，为 2000 年农业用水量的 49.7%，为 1980 年农业用水量的 25.76%。"十二五"期间，全国发展高效节水灌溉面积 1.2 亿亩，形成年节水能力 150 亿立方米，农田灌溉水有效利用系数由 2010 年的 0.50 提高到 2015 年的 0.53 以上（徐宁，2006）。

我国农业用水效率也在不断提高。据水利部统计，改革开放以来，我国有效灌溉面积以每年 2% 的速度递增（江娜，2009）。据《全国节水规划纲要（2001—2010 年）》提供的数据显示，1980 年，我国农田实灌面积 61 381 万亩，灌溉用水量 3 580 亿立方米，亩均实际灌水量 583 立方米。到 1993 年，实灌面积 64 802 万亩，灌溉用水量 3 440 亿立方米，亩均实际灌水量为 531 立方米。与 1980 年相比，粮食总产增长 42.4%，用水量却下降 3.9%，亩灌水量和吨粮用水量分别下降了 8.9% 和 32.5%。2000 年，我国农田实际灌溉面积 72 400 万亩，灌溉用水量 3 466 亿立方米，亩均实际灌水量 479 立方米，比 1980 年下降了 104 立方米，年节水 729 亿立方米。与 1993 年相比，亩均实际灌水量下降了 52 立方米，年节水 376 亿立方米。截至 2016 年，我国农田灌溉水有效利用系数为 0.532，每立方米灌溉水可以生产 1 千克粮食（马坦，2016）。

以河北省为例，近年来，河北省以大型灌区续建配套和节水改造、节水灌溉示范、地下水超采综合治理等项目为依托，建设了一批从水源到田间的引、提、蓄、灌等农田水利工程，累计发展节水灌溉面积 1 954 万亩，农田灌溉水有效利用系数达到 0.6701，较 2010 年提高了两个百分点，居全国第四位。河北省每立方米水的粮食产量，由 5 年前的 1.25 千克提高到 1.5 千克（佚名，2016）。

二、我国节水农业发展存在的问题

21 世纪以来，我国节水农业取得了长足的进展，发展迅速。但由于我国节水农业发展起步较晚，在节水农业的发展过程中，还存在着诸多问题。比如，农田灌溉水有效利用系数较低、节水技术有待进一步提高和推广等。这些问题使得我国节水农业发展相对滞后，与国外发达国家相比在硬件设施、资金投入、人才建设、技术水平等方面存在着较大差距。目前，我国节水农业发展存在的问题主要体现在以下几个方面。

1. 农业用水占比大，农业用水有效利用系数低

农业一直是我国的用水大户。我国农业用水量占全社会用水总量的比例，从 2000 年的 63% 降到 2016 年的 55%，但并没有改变农业仍是第一用水大户的现实。一方面，我国实

施节水灌溉工程的农业用地占比并不高。截至 2013 年年底，我国节水灌溉工程面积仅占有效灌溉面积的 50%，全国喷灌、微灌面积仅占有效灌溉面积的 11%（蔡敏，2014）。另一方面，我国农业用水利用系数仍较低，农业用水效率有待提高。当前，我国农田灌溉水有效利用系数为 0.532，也即 1 立方米的农业用水中，仅有 0.532 立方米被农作物吸收利用，这与发达国家 0.7 至 0.8 的利用系数差距很大。以粮食生产为例，我国每立方米灌溉水可以生产 1 千克粮食，而发达国家能产出 1.2 千克至 1.4 千克（乔金亮，2016）。未来，我国农业用水需求还将增长，水资源供需矛盾愈加突出，而农业将成为最具节水潜力的领域之一。

2. 节水农业基础研究薄弱，数据经验积累较少

由于节水农业是近几十年才快速发展起来的行业领域，我国在节水农业基础研究方面缺乏持续的投入和积累，导致我国节水农业发展缺乏科学系统的理论指导。在节水技术方面，虽然在农业节水技术领域取得了一定的进展，但是很多成果停留在实验室阶段，没有得到大规模推广应用。在节水技术的推广方面也较为粗放，未能做到真正的有的放矢。一方面，对滴灌、喷灌等节水技术有效性与地区适应性的评估与测算较为缺乏。另一方面，对于不同作物的节水能力及土壤适应能力，测评与估算较为缺乏。在灌溉水利用率、渠系

水利用率、田间水利用率、降水有效利用率、作物水分利用率等的精确计算与应用方面，仍有待进一步提高。在节水技术创新方面也缺乏长期的积累。

另外，我国在节水农业的数据搜集和积累方面仍比较落后。目前，我国还没有建立国家级的节水农业研究中心，没有建立和推广覆盖国家、省、地、县多层级的节水农业数据信息采集体系，更没有全国性的监控和数据管理体系，导致我国节水农业的发展数据积累较为缺乏，数据的自动化采集程度较低，无法对不同地区的灌溉水平和节水效率进行及时的监测和管理。

3. 节水工艺设备核心技术不强，市场竞争力弱

节水灌溉技术是基于节水灌溉设备的工程式技术。长期以来，我国的节水灌溉设备一直以中小企业和民营企业生产为主，生产规模小，产品设计和创新能力有限，我国节水灌溉工艺设备技术有待进一步提高。尤其是在节水关键技术和关键工艺方面，以引进国外设备为主，这造成了各地方引进的机器和设备差异大，兼容性差，在一定程度上影响了节水技术的推广。另外，我国节水产品和节水设备在生产和销售方面很大程度上要依赖国家和地方政府的补贴和扶持，企业很少进入这个市场，竞争较为缺乏，这制约了节水农业的发展。

4. 节水配套体系系统性差，规模化发展程度低

节水农业是一项复杂的系统工程，需要水利、技术研发、工程和管理相关配套体系的相互交融。在现实生产中，我国节水农业配套体系缺乏系统性，水利、工程、管理等各方面条件缺乏有机集成和配套，很难达成一致，在一定程度上影响了节水农业的快速发展。例如，节水技术是多种技术有机融合的综合性技术，需要诸多其他技术的配套实施。而其他技术的落后会制约节水技术的推广和发展，导致很多节水技术在现实中很难得到大规模的应用，影响了节水技术效果的发挥，制约了节水技术的规模效益。另一方面，我国农业劳动密集型的特点难以发挥节水技术的规模效应，这使得我国节水农业的规模化发展程度较低。而节水农业规模化程度低又制约了我国节水农业的机械化水平、信息化水平和产业化水平。

5. 农业节水理念较保守，未能适应发展新形势

当前情况下，我国农业水资源紧张与农业水资源的污染有着较为密切的关系。"重节水，轻防污"的理念仍有广泛影响，主要体现在发展节水农业过程中，只重视从管理、技术等角度进行水资源的节约，忽视从源头上加强对农村及农业水资源的保护和治理，尤其对如何减少和治理农业面源的

污染重视得不够。

三、我国节水农业发展趋势分析

农业是我国的用水大户，发展节水农业，是我国可持续发展的重大战略任务。未来，我国的节水农业发展将朝着技术研发与技术应用相结合的趋势发展。

1. 灌溉技术的革新、推广及应用是我国节水农业发展的重点

目前，粗放型的灌溉技术被广泛应用在我国各地的农业生产过程中，影响了农业用水效率。未来，促进灌溉技术的革新和推广应用，将是未来我国节水农业发展的重点，主要体现在大力发展管道输水技术、地面灌溉技术和推广滴灌技术等方面。

为减少灌溉输水过程中的渗漏和蒸发，避免输水过程中水资源的流失与浪费，提高灌溉水利用率，大力发展管道输水技术。一方面，要重视对输水工程设备材料的研发及加强对特定材料区域适应性的研究，使用成本低、区域适应性高的刚性设备材料是未来发展的方向。另一方面，要大力构建输水管网络系统和田间灌水系统及应用自压输水等系统，通

过各级管道、分水设施、保护装置和其他附属设施的建设，实现大面积的管道灌溉，提高田间输水效率。

改进地面灌溉技术也是我国未来节水农业发展的重点。我国农业生产长期以来一直以地面灌溉为主，利用地面灌水沟、畦或格田进行灌溉。但是，这种灌溉方式的缺点是耗时长、田间分配不均匀，容易造成水资源的浪费，并提高耕地盐碱化风险，也会影响农作物的产量。改进地面灌溉技术，创新灌溉方法，是我国未来节水农业的重点。在这一点上，美国的波涌灌技术对地面灌溉技术的创新便值得我国借鉴。

推广滴灌技术也是我国未来节水农业发展的重点。滴灌是按照作物需水要求，通过管道系统与安装在毛管上的灌水器，将水和作物需要的水分和养分均匀而又缓慢地滴入作物根区土壤中。滴灌技术比传统的沟灌、漫灌更加节约水资源，并可以结合施肥，提高肥效一倍以上。另外，滴灌的适应性也较高，可适用于果树、蔬菜、经济作物以及温室大棚灌溉，在干旱缺水的地方也可用于大田作物灌溉。滴灌技术的缺点是滴头易结垢和堵塞，对水源过滤处理要求较高。

2. 耐旱作物的选育和耕作方式的创新是我国节水农业发展的关键

选育和开发耐旱作物品种，利用生物技术进行转基因、作物杂交，开发出新的抗旱品种或者增加原有品种的抗旱属性，并根据地区适应性进行大范围推广，提高作物的水资源利用率，是未来节水农业发展的技术关键。比如，通过转基因技术选育矮杆小麦品种，便可以通过物种的选育，实现节水耐旱的目标，并能在不增加耗水量的前提下，增加小麦的产量。

根据地区水资源特点及土壤情况，创新耕作与栽培技术，也是我国未来节水农业发展的技术关键。因地制宜，综合利用多耕、少耕、免耕、浅耕、深耕等耕作方式，并由单一作物连作向粮草轮作或适度休闲方式发展，也可以通过作物轮作减少用水，比如，在考虑地区土壤情况和水资源状况的基础上，通过耐盐与不耐盐作物的轮作，并采用合理的灌溉设施和灌溉方式，形成适合当地农业发展特点的节水耕作方式。

3. 水资源的回收和循环利用是我国节水农业未来发展的重要途径

随着淡水资源的日益短缺，水资源的回收利用成为未来节水农业发展的重要途径。利用水资源循环再生技术，充分利用雨水、生活废水和加工处理过的工业污水，可以极大的节约水资源。通过生活用水和工业用水的回收和再利用，将经过加工处理的水，再次利用到农业生产中去，是未来节水农业发展的重要途径。

4. 以新型经营主体为依托是未来我国节水农业发展大势所趋

与一家一户的小规模农户相比，种植大户、家庭农场、农业合作社等新型经营主体，对推广节水技术的需求更强烈，也更有动力。可以说，节水农业与土地的规模化经营推进是相辅相成的。未来，依托新型经营主体发展节水农业将是我国节水农业发展的大势所趋（乔金亮，张雪，2015）。

第三章　北京都市型节水农业
发展道路的提出

北京市水资源较为缺乏。据统计，北京市年人均水资源占有量约 100 立方米，约占世界人均占有量的 1/70。近年来，北京的自然资源环境在一定程度上处于超负荷状态，尤其是水资源状况，已成为制约北京城市建设和可持续发展的问题。围绕北京作为全国政治中心、文化中心、国际交往中心、科技创新中心和努力建设成为国际一流和谐宜居之都的最新定位和城市发展长远目标，发展都市型高效节水农业成为北京农业的必然选择。

一、北京都市型节水农业发展
相关政策分析

早在 20 世纪 80 年代初，节水就成为北京水资源利用和管理的关键领域。通过开展节水宣传、推广节水技术和器具、提高全民节水的意识等方式，促进全民节约用水。在农业方面，遵循着"开源、节流、保护并重"原则，北京也较为重视农业生产中的节水。

1. 北京农业节水理念的提出与发展

2003 年，时任北京市副市长牛有成提出了"向观念要水、向机制要水、向技术要水"的"三要水"理念。"向观念要水"就是注重节水意识的培养，在良好习惯和文明行为中节水；"向机制要水"就是注重法律制度，运用市场机制节水；"向科技要水"就是注重科技成果的应用，在科技进步中节水。"三要水"理念成为北京市水务工作的基本指导，对于推进北京的水资源节约利用和开展节水型社会体系建设具有深刻影响。

2014 年 2 月，习近平总书记在视察北京工作时要求北京加大农业结构调整、转变发展方式，逐步解决大水漫灌问题，提高用水效率和产出效益。2014 年 4 月，习近平总书记在关于保障水资源安全的讲话中，从治国安邦的高度，深刻分析了国家水资源安全面临的严峻形势，并对北京的水资源形势进行了说明。

北京为深入贯彻落实中央要求，深刻理解水资源安全、生态安全对北京市发展的重要意义和面临的严峻形势，把握好北京市水资源安全的特点与规律，遵循习近平同志提出的"节水优先、空间均衡、系统治理、两手发力"节水战略，北京提出了"以水定城、以水定地、以水定人、以水定产"的发展原则，形成了"节水优先"的战略思想。"节水优先"战略与北京的世界城市建设、生态文明建设以及京津冀协同发展战略，深刻影响着北京的节水农业发展实践，促进北京在农业节水、治水、管水思路上的战略性转变。农业节水成为北京市落实最严格的水资源管理措施、促进京津冀协同发展和切实解决北京水资源安全问题的重要着力点。

2. 北京农业节水相关法律法规及政策措施

农业节水政策是北京市农业节水实践的重要组成部分。目前，北京已经形成了相对完善的节水法规、规范和政策措施，大多政策法规涵盖郊区农村，此外针对农业和村镇节水也制定了一些具有针对性的政策。为了实现节水型社会建设的法制化，北京市已经形成了以《北京市实施〈中华人民共和国水法〉办法》（2004）、《北京市节约用水办法》（2012）为核心的节水法规体系，成为郊区农村节水的基本法规和政策框架。北京市在认真贯彻落实国家节水政策基础上针对北京市水务管理实际出台了一系列管理办法和措施。在国家相关政策法规基础上，北京市对于灌溉或者灌区管理、取水许可制度、人畜饮水工程建设、行业用水定额分配、高耗水行业管理、水源井审批、生活饮用水供水设施建设与监督、水污染排放、水源养蓄和地下水回灌、水源地产业发展、水利工程建设等制定了相关的办法和措施。

（1）20 世纪 80—90 年代北京的农业节水政策

20 世纪 80 年代到 90 年代，北京在城乡分割的现实基础上，制定出台了一系列节水管理办法和措施，首先重点关注的是城市节水工作，并将城市节水工作作为 80 年代节水工作的重点。随后，逐步出台了针对郊区农村和农业的节水政策。

在引导城镇节水用水方面，北京市于 1986 年颁布了《北京市城镇节约用水奖励办法》和《北京市城镇用水浪费处罚规则》，通过对节水奖励和浪费水处罚，来引导公众的用水行为。1988 年发布了《北京市建设项目节约用水设施与主体工程同时建设管理办法》。1989 年发布了《北京市超计划用水加价水费征收管理办法》。1991 年，北京颁布了《北京市城市节约用水条例》，明确规定包括城区、区县政府所在地、工矿区和 1990 年以前的建制镇在内的城市节约用水按此执行。

在引导农村和农业、农民节水用水方面，20 世纪 90 年代以后，北京出台了农村节水的相关政策。1992 年，北京针对农村地区用水实际制定了《北京市农村节约用水管理规定》（以下简称《规定》），成为远郊区县农村地区节水的基本指导政策。该《规定》明确了农村节水的主管部门是当时的水利部门，提出农业用水实行计划管理，规定了新建、改建、扩建的建设项目必须"三同时"完成节水设施，并对机井开凿和管理使用、用水指标管理、用水计量制度、灌溉管理、水资源费缴纳、农村水利工程建设管理以及用水违规处罚等进行了较为明确的规定。《规定》第九条要求，农业生产应当采取节约用水的灌溉方式，200 亩以上集中连片的农田，应当实行喷灌、滴灌、管灌。《规定》对于农村用水计量和收费的规定，仅限于集中供水的农民。1997 年，北京市水务部门制定了《北京市乡镇供用水管理试行办法》，明确提出"乡镇供用水实行计划管理"，要求用户节约用水、计量缴费，并规定了水价的计算依据。1998 年印发了《北京市乡镇供水规划建设暂行规定》的通知，提出了按照"谁投资、谁受益"原则开展乡镇供水规划建设的具体内容，包括乡镇供用水规划的制定、审批、供用水工程管理等方面。

（2）21 世纪以来北京的农业节水政策

21 世纪以来，北京市陆续制定了《北京市再生水灌溉利用总体规划》（2004）、《关于加强建设项目节约用水设施管理的通知》（2005）、《北京市"十二五"节水用水规划》（2011）等较为完善的水资源节约利用和水务发展规划，并针对郊区及农业发展，制定了《北京市郊区水利现代化建设规划》（2005）、《北京市都市型现代农业节水规划》（2007）、《北京市"十二五"郊区水务发展规划》（2011）、《北京市"十二五"农业节水灌溉规划》等规划。党的十八大以来，北京市全面落实十八大、十八届三中、四中、五中全会精神，深入学习和贯彻习近平总书记系列重要讲话和对北京工作的重要指示精神，紧紧围绕首都城市发展战略定位，按照"以水定城、以水定地、以水定人、以水定产"的原则，贯彻"节水优先"战略，严格遵循"节水优先、空间均衡、系统治理、两手发力"的新时期治水方针，相继出台了《北京市人民政府关于实行最严格水资源管理制度的意见》（2012）、《北京市节约用水办法》（2012 修订）、《关于调结构转方式发展高效节水农业的意见》（2014）、《北京市地下水超采区农业结构调整实施方案》（2014）、《北京市人民政府关于全面推进节水型社会建设的意见》（2016）等政策文件。为贯彻落实新时期"节水优先"的治水战略和最新政策，北京市大多数区县开始制定节水型社会创建实施方案及"十三五"时期节水型社会建设规划的相关工作。从体制来说，北京市郊区农村节水管理是一种以政府为主导、城乡一体化的管理体制，农村节水是全市水务管理体系的重要任务。

21 世纪以来，北京市的节水政策呈现出城乡融合的趋势和特点，但是，农村节水政策和管理仍相对薄弱。2000 年发布的《北京市节约用水若干规定》仍然针对城市节水，将覆盖的区域设定为市域范围，而不是城镇地区，提出"在本市行政区域内通过公共供水设施取水或者直接从河道、水库、湖泊及地下取水的单位和个人均须遵守本规定"，但是，该规定所规范的节水内容和领域基本没有涉及农村节水的具体内容。

21 世纪初以来，北京市积极推进水资源费改革，水资源费征收范围不断扩大，征收标准逐步提高。2001 年以来，北京市连续四次调整水价，综合水价从 3.01 元提高到目前的 5.04 元，对促进水资源节约、保护、管理与合理开发利用发挥了积极作用。

2002 年，我国修订了 1988 年《水法》，在内容上增加了 29 条，在加强水资源宏观管理和配置方面采取了有效措施，涉及水资源规划、水资源论证制度、中长期供求规划制度、水资源管理体制等方面。把发展节水型工业、农业和服务业，建立节水型社会，作为发展目标写入总则，体现了从"开源与节流并重"到"开源与节流相结合，节流优先，大力建设节水型社会"的战略调整。《水法》明确"国家厉行节约用水，大力推行节约用水措施，推广节约用水新技术、新工艺，发展节水型工业、农业和服务业，建立节水型社会"，"单位和个人有节约用水的义务"，"国家对水资源实行流域管理与行政区域管理相结合的管理体制"。《水法》继续明确对于农村集体域内修建和管理的水塘、水库归属村集体组织使用，并特别指出，农村集体经济组织及其成员使用本集体经济组织的水塘、水库水，不属于国家取水许可制度和有偿使用制度规范范畴。《水法》还明确提出，"用水应当计量，并按照批准的用水计划用水，用水实行计量收费和超定额累进加价制度……各级人民政府应当推行节水灌溉方式和节水技术，对农业蓄水、输水工程采取必要的防渗漏措施，提高农业用水效率"。

为加强对全市水资源实施集中统一管理，北京市于2004年成立了市水务局，统筹承担市域内水务规划、水资源管理、供水、节水、排水、污水治理、水工程管理、水环境保护、防汛抗旱、水政监察与执法等全部水行政管理职责，已经形成以水务管理部门为核心、由"市、区县、乡镇"三级构成的城乡一体化的水务管理体系，其中，市水务局主导规划和相关政策的制定和监督，区县水务局主导相关政策的有效实施和监督，流域水务站和农民用水者协会则是具体实施者。

为深入贯彻落实我国《水法》（2002 年）和国家关于节水灌溉的相关政策要求，北京市于 2004 年颁布了《北京市实施〈中华人民共和国水法〉办法》（以下简称《办法》），明确节约水资源是基本要求，在水资源管理制度上，实行城乡全面规划、统一管理，并明确提出建设节水型社会的目标。《办法》指出，各级政府应建立健全节约用水责任制，市人民政府水行政主管部门（以下简称市水行政主管部门）负责本市行政区域内水资源的统一管理和监督工作。区、县人民政府水行政主管部门（以下简称区、县水行政主管部门）按照规定的权限负责本行政区域内水资源的统一管理和监督工作。《办法》第六章指出，各级政府应当引导农业生产者合理调整作物种植结构，采用先进的节水技术和节水灌溉方式，提高农业用水效率。

2005 年，北京市颁布了《北京市节约用水办法》，对全市节水管理主体及其职责、节水奖励、节水规划、节水定额管理、节水设施建设、节水器具生产、节水服务等内容做了详细规定，提出全市实施节水和用水计划政策，成为城乡节水的基本指导。该办法对农村地区用水提出了较为详细的措施，包括"农业用水应当计量收费"，"农村地区逐步实行村民生活用水、乡镇企业生产用水与农田灌溉用水分别安装水计量设施分类计量"，"农田灌溉应当采取管道输水、渠道防渗、喷灌、微灌、滴灌等先进的节水灌溉方式，提高用水效率"。但是在实践中，关于农村节水的政策设想并未得到很好的实施。

2011 年，北京市委市政府《关于进一步加强水务改革发展的意见》（京发〔2011〕9 号）提出，要加快新城和重点镇再生水厂建设，完善城镇排水系统，并全面推进水源保护区治污工程建设，实现村村有污水处理设施。

2012 年，针对我国人多水少、水资源时空分布不均、水资源短缺等基本国情，国务院颁布了《关于实行最严格水资源管理制度的意见》（国发〔2012〕3 号），提出推行最严格水资源管理制度，具体而言就是确立水资源开发利用控制红线，确立水效率控制红线，确立水功能区限制纳污红线，并提出了具体的管理目标和政策措施。随后，北京市政府发布了《北京市人民政府关于实行最严格水资源管理制度的意见》（京政发〔2012〕25 号），提出了北京市水资源管理的具体目标，即：确立水资源开发利用控制红线，到 2015 年全市用水总量控制在 40 亿立方米以内；确立用水效率控制红线，到 2015 年全市万元工业增加值用水量比 2010 年下降 25%以上，农田灌溉水有效利用系数提高到 0.7 以上；确立水功能区限制纳污红线，到 2015 年全市重要水库、河流、湖泊水功能区水质达标率提高到 60%以上。到 2020 年，全市用水总量控制在 46.58 亿立方米以内；万元工业增加值用水量下降到 10 立方米以下，农田灌溉水有效利用系数提高到 0.71 以上；重要水库、河流、湖泊水功能区水质达标率提高到 80%以上。并结合北京市情提出了加强水资源开发利用控制红线管理、严格实行用水总量控制，加强用水效率控制红线管理、全面推进节水型社会建设，以及加强水功能区限制纳污红线管理、严格控制入河湖排污总量的具体管理措施。

2012 年，北京市政府发布了新修订的《北京市节约用水办法》，对城乡节水的范围、管理机构、各方主体的责任与义务做了明确界定，对城乡用水管理、节水规划编制、用水效率准入制度、健全节水机制、用水效率评估、用水计量收费、用水指标管理、节水保障措施、节水监督检查及相关法律责任等进行了详细规定。《北京市节约用水办法》针对农村节约用水提出了较为系统和全面的措施。一是明确了"区县—乡镇"两级节水管理体制，村委会具有协助节水管理的职责；二是农业及农村地区投资项目需要参照市发展改革部门，会同市节水管理部门和其他有关部门投资项目指导目录和限制发展项目名录；三是为保障节水，明确要求"农业生产超过用水定额取用地下水的，应当缴纳水资源费"、"农村生活用水不得实行包费制"，对于"未安装计量设施的，由乡、镇人民政府责令限期安装"，"种植业应当采取管道输水、渠道防渗、喷灌、微灌、滴灌等先进的节水灌溉方式，提高用水效率"，"养殖业应当使用节水器具"，并对农业用井管理提出了明确要求。很显然，新出台的《北京市节约用水办法》对于农村节水计量和收费要求有所调整，考虑到农村全面推行计量收费制度的实际困难，降低了对农业用水收费的要求，但明确提出农村生活用水进行计量收费，对于实行包费制的限期改正。

为不断完善郊区农村供水和农业节水灌溉管理政策，积极推进基层水务管理改革，结合国家农村节水管理政策，针对京郊农村发展实际，北京市制定了一系列相关的地方规程和标准，如《低压管道输水灌溉工程运行管理规程》（2008）、《村镇供水工程自动控制系统设计规范》（2006）、《农村机井水表安装维护规程》（2005）、《村镇集中式供水工程施工质量验收规范》（2007）、《村镇集中式供水工程运行管理规程》（2007）、《村镇供水工程技术导则》（2008）、《村镇集中式供水工程运行管理规程》（2007）、《节水灌溉技术导则》（2010）等，为农村供用水和农业节水管理提供了良好的政策保证。

2013 年 10 月，北京市水务局、编办、财政局联合印发了《关于进一步健全完善区县及基层水务管理体制的指导意见》（京水务郊〔2013〕108 号），积极推动区县及基层水务管理体制改革，要求加强基层水务管理能力建设，提升基层水务服务能力，包括健全和完善基层水务站，充实乡镇（街道）专职水务工作人员队伍，要求配备水务管理专职人员，促进农民用水协会（用水合作组织）及管水员队伍健康发展，强化水务社会化管理，发挥村级农民用水协会的作用，引导农民积极参与水务社会化管理，加大政府购买水务公共服务的力度，健全基层管水员制度；提出加快工程建设和运行管理改革，如推行工程管、养分离，将水管单位的维修养护业务和养护人员逐步分离出来，鼓励成立专业化的养护企业；并要求在 2013 年前完成基层水务服务体系建设任务，2015 年年底前全面完善区县水务管理体制的各项任务。

2013 年，北京市开始深入贯彻实施《北京市加快污水处理和再生水利用设施建设三年行动方案（2013—2015 年）》，加快再生水厂和输配水管网工程建设，以大兴和通州为主，推广再生水灌溉，解决再生水灌区的"最后一公里"问题。同时，在污水治理的基础上，积极拓展再生水利用的空间范围和应用领域。

北京还将都市型节水农业发展与调结构、转方式相结合，与农村社会发展相结合，为农村基层水务管理改革提供了更加宽广、务实、坚实的视野和实践机遇。2014 年 9 月，北京市委、市政府发布了《关于调结构转方式发展高效节水农业的意见》（京发〔2014〕16 号文，以下简称《意见》），将农村节水管理纳入农村、农业发展方式和结构调整的大格局，积极出台相关的配套措施，强化政策实施，旨在通过调整农业结构、转变农业发展方式以促进农业节水和高效农业发展。《意见》指出，北京要转变传统的用水方式，构建都市型节水农业，树立具备科技性与创新性的节水理念，在提高节水效率的同时，也真正实现农业的循环，真正推动现代都市型农业的可持续发展与进步。《意见》要求全面提升农业节水水平，加大农业结构调整力度，通过节水设施建设、全面推广农艺节水、加强农业用水管理、增加可再生可循环水利用，以推进农业节水。《意见》提出，至 2020 年，争取农业用新水从 2013 年的每年 7 亿立方米左右下降到 5 亿立方米左右，农业节水 2 亿立方米。作为深入实施的保障措施之一，《意见》还提出，要尊重农民的主体地位，创新农民组织方式，健全最严格的用水与节水管理制度。

北京市还提出了"细定地、严管井、上设施、增农艺、统收费、节有奖"的 18 字节水新模式，主要措施包括调结构、配设施和建机制三个方面。其中，建机制提到完善基层水务管理体系，即进一步强化水务站（所）在水资源管理及农业用水监管方面的职责，明确基层水务站在农业高效节水工作中的责任；积极发挥农民用水协会在设施建设、运行管护、用水管理方面的作用；加强对管水员的培训、指导和监督考核，不断提高其政策水平和专业技能。

2014 年 9 月，北京市农业局制定下发了《北京市地下水超采区农业结构调整实施方案》（以下简称《方案》），《方案》明确，今后一个时期，北京农业工作的总体思路是：以服务首都为出发点，以做精产业、富裕农民为落脚点，按照"高效、节水、生态、安全"的基本原则，着力推进现代农业规模化发展、园区化建设、标准化生产，着力提升现代农业的核心竞争能力、城乡服务能力、生态涵养能力，全力打造管理服务精细、产业产品高端、田园乡村秀美、城市郊区共融的都市农业"升级版"，为建设国际一流的和谐宜居之都提供有力支撑和坚实保障。

2016 年 1 月，北京市人民政府发布了《北京关于全面推进节水型社会建设的意见》（京政发〔2016〕7 号，以下简称《意见》），指出大力节约用水是加强首都生态文明建设的重要内容，是建设资源节约型和环境友好型社会的内在要求，是保障首都水安全的根本之策。《意见》指出，要严格遵循"节水优先、空间均衡、系统治理、两手发力"的新时期治水方针，按照"以水定城、以水定地、以水定人、以水定产"的原则，充分发挥水资源对首都经济社会发展的约束引导作用，全面落实最严格水资源管理制度，全面提高重点领域节水水平和水资源综合利用效率，全面推进节水型社会建设。就农业节水而言，目标是到 2020 年农业用新水负增长，全市农业用新水量由 2014 年的 6.9 亿立方米下降到 5 亿立方米以下，农田灌溉用水有效利用系数达到 0.75 以上。首先，加大农业产业结构调整力度，转变农业用水方式，大力发展都市型现代节水农业。其次，严格实行取水许可制度，严格灌溉机井的审批管理，实行农业灌溉机井总量控制、增减挂钩、不再审批新增农业灌溉机井。再次，加强农业综合节水管理。全面推进设施节水、农艺节水、机制节水和科技节水，使节水在提高土地产出率、劳动生产率和资源利用率方面发挥积极作用。按照"细定地、严管井、上设施、增农艺、统收费、节有奖"的建管模式，加强农业用水总量控制和用途管制，积极推广喷灌、微灌等高效节水灌溉和旱作农业节水技术，努力实现农业高效节水设施和农用机井计量设施全覆盖。加快推进养殖业节水改造，大力推广生态养殖。再次，充分发挥经济杠杆在节水中的作用，开展农业水价综合改革，规范农业用水收费，提高农业用水效率。北京市将对农业节水作出突出贡献的区给予奖励。还有，加强政策引导，鼓励社会参与。强调节水管理改革，例如探索建立水权交易制度、节水奖励制度等。

2016 年 7 月，北京正式发布了《北京市"十三五"时期城乡一体化发展规划》，明确提出，北京"十三五"期间，将发展高效节水农业，在 250 万亩农业生产空间内，实现高效节水设施和农用机井计量设施全覆盖。到 2020 年，农田灌溉水有效利用系数从 0.7 提高到 0.75，农业用新水从 7 亿立方米降到 5 亿立方米。

在北京市水务局指导下，北京还积极开展了农业节水试点，推动"两区一镇多园"（两区即顺义区、房山区，一镇即通州区漷县镇，多园即全市郊区的若干农业节水园区）的农业节水试点建设，进一步落实"细定地、严管井、上设施、增农艺、统收费、节有奖"节水新模式的 6 项试点政策措施。积极推动农业水费和水资源费政策，严格管理试点地区的万余眼农业机井。顺义区大孙各庄镇、房山区、通州区漷县镇等试点地区对农民用水协会和管水员队伍建设进行了多样化改革，制订并实施节水奖励政策，加大节水基础设施投入，认真落实节水田间微灌建设及运行管护政策。

北京市还通过嘉奖，大力支持高效节水农业。2015年1月15日，中共北京市委农村工作委员会、北京市农村工作委员会、北京市人力资源和社会保障局联合下发了《关于开展北京市社会主义新农村建设先进集体先进个人评比表彰工作的函》，里面明确提出了"北京高效节水农业发展先进村"推选标准，标准中的一项重要内容，就是其中的第二项：按照《关于调结构转方式发展高效节水农业的意见》（京发〔2014〕16号）的有关要求，达到市水务局关于节水的各种标准。目前，北京市正研究出台高效现代化节水果园先进机械购置优惠政策（马金凤，2016）。

二、北京大力发展都市型节水农业的必要性与可行性

北京是我国都市型农业的发源地，也是我国发展都市型农业的代表性区域。20世纪90年代后期，在率先实现农业现代化的进程中，北京市提出了发展都市型农业的要求。21世纪初，北京正式将都市型现代农业作为农业发展方向。经

过长时期的发展，北京的都市现代农业已经成为一面旗帜，引领全国现代农业的发展（李庆国，芦晓春，2016）。

2014 年，习近平总书记在视察北京时，将北京定位为全国的政治中心、文化中心、国际交往中心和科技创新中心，明确提出非首都核心功能要疏解和淘汰，要求将北京建设成为国际一流的和谐宜居之都。面对首都城市功能定位的新变化，北京需对北京农业的未来发展和功能定位有所重新思考。北京城镇化率已高达86.2%，农业占 GDP 的比重远低于1%。但北京农业在水资源的消耗上，仍占据全市用水较大的比例。作为用水大户，北京的农业发展依旧承受着水资源紧缺和灌溉用水保障的双重压力。因此，发展高效节水灌溉是北京市经济社会可持续发展的必由之路。2014 年 9 月，北京市委市政府印发《关于调结构转方式发展高效节水农业的意见》，指出，今后要提升北京都市型现代农业的应急保障、生态休闲、科技示范这三大功能，这一意见为北京农业今后发展指明了新的方向。

2015 年 11 月，北京市委十一届八次全会通过了《中共北京市委关于制定北京市国民经济和社会发展第十三个五年规划的建议》，提出"坚持以水定城、以水定地、以水定人、以水定产"。随后发布的《北京市国民经济和社会发展第十三个五年规划》提出，北京要"率先建成节水型社会"，坚持节水优先、量水发展，实行最严格的水资源管理制度，加强农业综合节水管理，基本实现高效节水灌溉设施全覆盖。

2016 年发布的《北京市"十三五"时期城乡一体化发展规划》（以下简称《规划》）把北京都市农业发展提升到历史新高度，并对北京的都市型节水农业发展提出了新要求。《规划》指出，到 2020 年，北京将全面建成都市型现代农业示范区、高效节水农业样板区、京津冀协同发展引领区，实现高水平的农业现代化。《规划》还明确提出，发展高效节水农业，在 250 万亩农业生产空间内，实现高效节水设施和农用机井计量设施全覆盖。到 2020 年，农田灌溉水有效利用系数从 0.7 提高到 0.75，农业用新水从 7 亿立方米降到 5 亿立方米。

北京的自然禀赋特点、北京科技创新中心的定位要求北京农业必须走高效节水的发展道路。积极发展节水农业成为北京社会发展的现实需求，也是维持社会稳定、提高社会经济发展的一项战略目标与战略要求，更成为推进北京市农业供给侧结构改革的重要内容。而北京设施农业的快速发展则为北京都市型节水农业的发展提供了重要前提。北京的技术优势则为北京都市型节水农业的发展提供了重要保障。

1. 北京大力发展都市型节水农业的必要性

北京的自然禀赋特点以及北京的城市功能定位决定了北京必须大力发展都市型节水农业。北京的人均水资源量仅为全国人均值的 1/8，世界平均值的 1/30，属资源型重度缺水地（李锐，2010）。

自 1985 年以来，北京市水资源总量有明显下降趋势，其主要构成地表水资源和地下水资源都在减少，尤其以地表水资源最为突出。另一方面，北京农业的水污染情况比较严重。部分农业生产行为导致农业污染问题日益突出。通过发展节水农业，有助于北京降低用水总量，减少农业污水排放，从而更好地缓解水资源不足导致的资源环境限制。

（1）自然资源禀赋特点决定北京必须走节水农业发展道路

北京地处华北平原北端，面积 1.641 万平方千米，用水水源主要是地表水、地下水和外调水，是个水资源严重匮乏的城市。2015 年《北京市水资源公报》显示：2015 年全市总供水量为 38.2 亿立方米，其中地下水 18.2 亿立方米、再生水 9.5 亿立方米、南水北调水 7.6 亿立方米、地表水 2.9 亿立方米，地下水供水量占总供水量的 47%。

从地表水来看，北京多年平均降雨量 585 毫米，降水量 96 亿立方米，蒸发量 60 亿立方米。境内有永定河，潮白河等大小流河 420 多条，多年平均入境量 16.06 亿立方米，出境量 14.51 亿立方米。20 世纪 80 年代以来，北京 21 条主要河流全部断流。北京建有密云水库、官厅水库、怀柔水库、十三陵水库、斋堂水库、崇青水库、汉石桥水库等大中小型水库 88 座，总库容 93 亿立方米。20 世纪 50 年代以来，北京先后建设了第三、第四、第五、第七、第八、田村山、第九等水厂，其中，第九水厂是北京市最大的地表水厂，仅这一个水厂，日供水能力就达 150 万立方米。大型污水处理厂 50 座，处理能力 440 万立方米/日，污水处理率达到 85%。2015 年，北京利用再生水 9.5 亿立方米，约占全市用水总量的 25%（贾婷，2016）。

从地下水来看，1999 年到 2011 年，北京遭遇连续干旱，为保障供水，从 1999 年起北京出现超采地下水的情况。

从外调水来看，南水北调一期工程的水于 2014 年 12 月在北京正式通水，按照"喝、存、补"的优先顺序，主要作为北京中心城区自来水厂水源，并为水库蓄存、地下水回补及城市河湖环境水环境提供水源。目前，南水日取用量已占城区供水总量的七成以上（贾婷，2016）。

北京市共有 183 个乡镇，3 955 个行政村，郊区占全市土地面积的 93%，耕地为 347.5 万亩，节水农业产业未来发展土地空间制约明显。北京人均水资源占有量不足 300 立方米，仅为全国人均占有量的 1/8，世界人均占有量的 1/30；土地资源数量有限，山地多，平地少，土地后备资源不足。

从用途来看北京的水资源情况，2001 年，北京市的农业用水为 17.4 亿立方米，工业用水为 9.2 亿立方米，生活用水为 12.0 立方米，环境用水 0.3 亿立方米；2012 年，北京市农业用水降为 9.3 亿立方米，工业用水 4.9 亿立方米，生活用水 16.0 亿立方米，环境用水 0.3 亿立方米。

2013 年，北京全年水资源总量 26.2 亿立方米，比上年减少 33.6%。年末大中型水库蓄水总量 18 亿立方米，比上年末多蓄水 2.94 亿立方米。全市平原地区年末地下水平均埋深 24.46 米，地下水位比上年末下降 0.19 米。全年总用水量 36.4 亿立方米，比上年增长 1.4%。其中，生活用水 16.3 亿立方米，增长 1.5%；生态环境补水 5.9 亿立方米，增长 4.4%；工业用水 5.1 亿立方米，增长 4.7%；农业用水 9.1 亿立方米，下降 2.4%。全市万元地区生产总值水耗为 18.66 立方米，比上年下降 5.84%（杜燕，2014）。2014 年，北京全市水资源状况与 2014 年水平相比，仍然缺水（佚名，2015）。

由于水资源紧缺，北京先后建设了怀柔、张坊（房山区）、平谷、马池口（昌平区）四处应急水源地，通过超采地下水稳定市内水源，但付出了较大的资源和环境代价。2008 年以来，已累计从河北四库调水 16 亿立方米，北京市累计向河北支付调水费用、水源涵养等费用近 45 亿元。

北京属于严重缺水地区，全市人均水资源量已降至 100 立方米左右（佚名，2015）。随着经济社会发展和城市规模的扩大，水资源的严重紧缺制约着北京，成为决定北京发展高度的"天花板"，特别是京郊农村经济的发展和社会进步。

随着城市化进程的不断加快，北京农业发展空间及资源的刚性约束越发凸显。严峻的形势促使农业节水必须要顺势而为、有所作为。加快转变农业发展方式，推动农业的集约化、高端化发展，成为北京农业发展的重要任务。农业节水是北京发展都市型现代农业的关键。

北京的都市型节水农业关系着北京的水安全和生态安全，只有通过"向观念要水、向机制要水、向科技要水"，才能满足首都社会生活发展的战略需要。另外，从京津冀大区域发展来看，北京的农业发展需要在京津冀区域协同的大背景下，不断调整产业结构，转变发展方式，着眼于京津冀区域资源环境制约、体制机制制约等问题，而节水农业是北京都市型农业发展的必然之路。

（2）北京的战略发展定位要求北京发挥农业节水示范功能

北京有着发展都市型节水农业的先天地缘优势和创新资源优势。北京市聚集了61%的国家重点农业试验室，约有24%的涉农国家工程技术研究中心，同时还有众多全国一流的农业高校、科研院所，具备了开展农业新品种、新肥料、新农药、新技术和新农机具研发，农业高端产业和农产品加工业培育，以及涉农高端人才培养的优良基础，北京农业应充分发挥生产功能、生活功能、生态功能和示范功能四大功能，发展成为全国生态建设的典范，将节水农业发展与区域农村基层治理的实际相结合，完善农业社会化服务体系，推进生态农业、休闲农业发展的标准化建设，积极培育新型农业经营主体。北京应将有限的土地与北京优势的科技资源联系起来，把新的农艺设备、新的经营模式理念集中到一起，在全国范围内做展示和推广，充分发挥北京都市型农业的示范效应。

目前，北京在农业科技方面已经初步发挥了全国的示范和引领作用。以种业为例，北京有种业研发机构80多家。2010年，北京全市种业产值达到61.81亿元，占全市农业总产值的比重为20%，已逐步发展成为全国种业的科技创新中心（马楠，2011）。

北京非常重视农业对城市发展起到的战略支撑作用。2010年8月16日，科技部与北京市政府举行了共建国家现代农业科技城签约仪式。双方约定，通过5至10年时间，共同合作把农业科技城打造成全国农业科技创新中心和现代农业产业链创业服务中心，为全国现代农业发展提供技术引领和服务支撑，引进国内外企业、科研院所和高校在科技城建立总部研发机构，打造总部企业密集的产业经济中心，带动区域经济增长。

北京市充分发挥科技资源优势，以建设国家科技创新中心和北京国家现代农业科技城（简称"北京农科城"）为契机，扎实推进体制机制创新，不断提高自主创新能力，提出

"以现代服务业引领现代农业、以要素聚集武装现代农业、以信息化融合提升现代农业、以产业链创业促进现代农业"。不断推动北京都市型现代农业发展和城乡一体化建设,服务引领全国的现代农业创新发展。目前,北京农科城已初步建成全国农业科技数据源中心、服务源中心,为30多个省市提供冷链物流、农情监测、物联网技术等服务,与80余个国家农业科技园区实现网联。北京农科城建设了13个现代农业领域科技创新服务联盟,打造了生物种业、奶业、生物燃气等11条品牌产业链。京科968玉米新品种实现了1 400万亩的产业化推广,已成为农业部主推玉米品种;京科、农华和中单系列玉米品种推广面积占全国玉米种植面积的18%。推进国家农业科技园区建设,共吸引132家企业院所入驻,实现销售收入56.46亿元,展示示范品种6 200个,辐射带动村镇525个。据测算,2014年,科技对首都农业的贡献率已达到70%,远高于全国平均水平(操秀英,2015)。

(3)都市节水农业是北京都市型现代农业发展的必由之路

近年来,遵循"建设有中国特色世界城市"的总体要求,北京从战略高度大力推进都市型现代农业的发展,不断增强农业的应急保障、休闲生态、科技示范等功能,突出农业的基础性、融合性,注重开发农业的创意性,促进农业呈现开放式发展。在都市型现代农业的发展过程中,北京逐步明确了"首都的农业是都市型现代农业，是一、二、三产相互融合、充分体现人文、科技和绿色特征的低碳产业"，确立了北京的都市型现代农业是"建设世界城市的特色产业、首都生态宜居的重要基础、首都高端农产品供应和城市应急安全的基本保障"的定位，着眼于"基础完善、科技领先、产业高端、服务完备、装备现代、人才一流"的标准，着力在工作机制、政策体系、服务体系等方面强化都市型现代农业发展的支撑保障。

为大力发展都市型现代农业，北京逐步转变农业发展方式，突出农业的生产、生活、生态、示范四大功能。建设国家现代农业科技城，突破原有农业科技园区技术示范、成果转化、生产加工的传统模式，以现代服务业引领现代农业，通过科技与服务结合，实现产业、村镇、区域整体功能的突破与升级。通过资本、技术、信息等现代农业服务要素的聚集，形成"高端研发、品牌服务和营销管理在京，生产加工在外"的现代农业产业模式。打造并延伸从"田园到饭桌"的农业产业链，促进农民持续增收。创新农业实现形式。拓展籽种农业、休闲农业、循环农业、会展农业实现形式，提高都市农业的国际化开放性。

近年来，北京不断探索农业生产经营模式，并通过作物结构的调整，推动都市型农业的发展。通过作物种植数量的调整，促进农业和农民的增产增收，减少农业对水资源的过度利用及秸秆焚烧对环境的污染。从图3-1可以看出，1978年以来，北京逐年减少粮食作物的生产比重，加大蔬菜与食用菌等的产量。2015年起，北京针对13.5万亩山区半山区不可机械作业地块，有序调减粮食作物种植，因地制宜发展经济林、牧草、花卉、中草药、蔬菜产业和观光休闲农业。随着种植结构的调整，北京的粮食作物种植比重会更小。

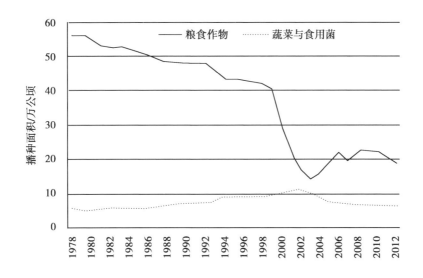

图3-1 1979年以来北京市粮食作物和蔬菜与食用菌播种面积变化

从都市型农业自身而言，经过多年的发展，北京都市型现代农业已经进入了转型发展的新时期。从产业结构来看，传统农业生产规模不断缩减，尤其是大田作物快速减少；于此同时，生态农业、休闲农业、创意农业、会展农业蓬勃发展起来。从农业经营来看，正在形成以农业龙头企业、农民专业合作组织为引领，融合农业种养、农产品加工和商贸流通的都市型农业产业化体系。从生产要素方面看，土地、水、劳动力、农资等传统生产要素的投入总量在不断下降，而科技、信息、创新融资等现代生产要素投入增加。从都市型农业发展的外部环境而言，北京都市型现代农业发展必须向节水型都市农业方向发展。

2. 北京大力发展都市型节水农业的可行性

北京发展节水农业的目标是通过管理、技术及用水理念的提高，促进农业高效用水，从而寻求生态效益和经济效益的最佳组合，从而助力北京的都市型现代农业建设。北京大力发展都市型节水农业有着一定的可行性。

（1）设施农业的发展为北京节水农业带来了机遇与挑战

设施农业是北京都市型现代农业发展的重要形式。设施农业的发展打破了传统的以"一家一户"为主的经营方式，促使农业向现代化方式发展。传统农业生产方式有着土地零散化、破碎化的特点，这种耕作方式不适于喷灌、微灌等节水设施的大面积推广应用。设施农业通过对传统、粗放的灌溉方法进行改造，带来种植结构和耕作技术的重大变革。设施农业不但可以提高农业用水的有效利用率，还可以灌溉的同时，进行施肥和打药，推进农田灌溉现代化和管理科学化，使传统农业向现代农业转变。

近年来，随着北京都市型现代农业的建设，北京开始大力发展设施农业。从图3-2可以看出，2008年以来，北京设施农业面积迅速增长，从2008年的不到34 000公顷，发展到2011年的38 000公顷。

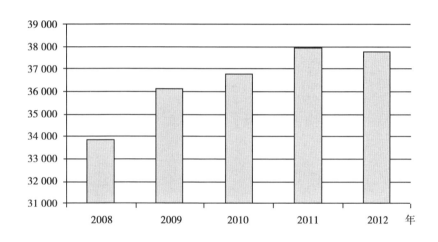

图3-2　北京市2008年以来设施农业面积变化图（单位：公顷）

根据北京统计局数据显示，2012年，北京市设施农业收入52亿元，比上年增长14%。北京设施农业的快速发展，不但促进了北京农业生产能力的提高和农业产业结构的调整，还提高了北京农业用水利用率。

北京设施农业的快速发展在为北京节水农业的发展带来重大机遇的同时，也为北京节水农业的发展带来了挑战。这是因为，设施农业以工厂化的生产方式，通过改变微观气候条件，提高农作物抵御自然灾害的能力，改良生物特性，使作物实现错季或反季节生产。相对于大田种植，设施农业的生长期明显延长，草莓等一些高耗水作物得到广泛种植，尽管设施农业由于温室、大棚覆盖可以减少地面蒸发，但也无法充分利用天然降水，农作物生产基本依赖灌溉用水，需要消耗更多的水资源，而设施农业的发展将会在一定程度上增加农业用水量，加大农业节水的压力。因此，设施农业在增加农业产量的同时，也在一定程度上增加了农业灌溉用水量。

（2）农业科技资源为都市型节水农业的发展提供了保障

作为首都，北京农业科研机构林立，科研基础设施完备，高水平农业科员人员数量众多，农业科研活动经费充足，使得北京的农业科技成果全国领先。以农业科研机构为例，北京集聚了全国最优质的高校和科研院所，现有涉农公益型科研机构30余家，基本覆盖了农、林、牧、渔等多个农业领域。包括中国农业科学院、中国农业大学、中国水产科学研究院等中央在京科研机构和高校10余家。还包括北京市农林科学院、北京农学院、北京市粮食科学研究所等北京市属涉农研究机构，这使得北京的农业科技资源优势位居全国首位。

第四章 北京都市型节水农业发展概况

北京是全国较早开展农业节水灌溉的地区。经过30多年的发展历程，北京的都市型节水农业大体历经了起步发展、稳步发展、快速发展三个发展阶段，已形成集"设施节水、农艺节水、机制节水、科技节水"于一体的现代农业综合节水技术体系。

一、北京都市型节水农业发展历程

北京都市型节水农业的发展，大致分为初始起步阶段、稳步发展阶段和快速发展阶段三个阶段，具体如下。

1. 初始起步阶段

20世纪70年代，北京的都市型节水农业发展进入了初始起步阶段。由于技术、管理、投资等诸多原因，这一时期的节水农业发展比较缓慢。

20 世纪 70 年代，北京市开始发展农业节水灌溉工程，在大力推广渠道衬砌输水灌溉的同时，也在积极探索、试验、推广管灌、喷灌、微灌等节水灌溉技术。20 世纪 80 年代之前，北京的节水农业以建设蓄、引、提地表水源工程为主。进入 80 年代，北京进入以设施节水或称为工程节水为主要特征的发展阶段。1985 年，北京开始在大田生产中推广喷灌技术，渠道衬砌、地下管道输水灌溉等节水方式逐步得到应用，节水灌溉工程管理体系初步建立。这一时期，北京节水农业的节水重点是推广抗旱品种，并运用地膜覆盖、秸秆还田、耕作蓄墒、长效肥一次底施等旱作农业技术，推动节水农业发展。1985 年以后，喷灌技术在北京进入快速发展期。1979 年，顺义区引进了喷灌设施，经过试验和示范工作，喷灌发展到了大面积推广阶段。顺义到 1990 年已发展喷灌设施二千多套，喷灌面积 3.3 万公顷。1988 年，顺义被北京市水利局评为农业节水一等奖。1989 年，顺义被北京市评为喷灌技术推广应用一等奖。1994 年，顺义被水利部称为"全国粮田喷灌第一县"，成为发展节水农业的典型。

2. 稳步发展阶段

20 世纪 80 年代以后，北京的节水农业发展进入了稳步发展阶段。由于连续干旱少雨，地表水资源急剧减少，在这一时期，北京主要是通过提取地下水用于农业灌溉。20世纪90年代，北京市政府加大了郊区村镇供水工程建设力度，"十一五"期间，北京实施了农民安全饮水工程，提高了村镇供水基础设施建设水平，减小了城乡差异，产生了良好的社会和社会效益（裴永刚，田海涛，2007）。

20世纪90年代，北京的节水农业步入了农艺节水与灌溉相结合的发展阶段，节水效益逐步提高。在这一时期，低压管道输水灌溉技术被大力推广。这种输水灌溉方式投入较低，地区适应性强，方便管理。在大田作物中，大力推广覆盖保墒、保护性耕作等技术，发展雨养旱作农业。在设施农业中，示范推广滴灌施肥、覆膜沟灌施肥等技术，大力发展水肥一体化高效农业。

3. 快速发展阶段

21世纪以来，北京的节水农业进入了快速发展阶段。随着水资源的日益紧缺，高效节水的微喷、滴灌、小管出流灌溉等微灌技术在北京逐步得到了推广与应用。北京通过集成设施节水、农艺节水等综合节水技术，结合膜面集雨高效利用、再生水应用等模式，形成了农业综合节水技术体系。北京还不断完善北京市基层水务管理制度，建立了流域水务站和村级农民用水协会，聘任1万多名农村管水员，形成了"市水务局—区县水务局—基层水务站—农民用水协会和农村管水员"四级水务管理体制（赖臻，2011）。

2004 年开始，北京市水务局完成了机井 GPS 定位、普查上图、安装水表等工作，部分机井安装了远程抄表装置，部分装有预付费功能的 IC 卡水表，使机井达到"一井一表一卡一号一数"管理要求，实现了农村用水"总量控制、定额管理，严格计量、有偿取用"目标，变粗放管理为集约化经营。2005 年，北京在全国农业系统中首个成立了专门的节水机构——农业技术推广站设立节水室。

北京还通过借鉴世界发达国家和地区的先进经验发展节水农业。比如，通过结合世界银行贷款项目推进新的节水组织模式。2001 年 5 月，北京市在利用世界银行贷款发展节水灌溉项目（WCP）中成功引入了农民用水协会的用水管理模式，试点探索农民参与水务管理的新模式，在试点乡镇开始组建农民用水协会，在试点村组建村级农民用水协会和临时用水小组，让广大农民积极参与到灌排区管理和运行机制中去，实现农民用水的自我管理和自我维护，开启了农民自主管理用水和节水的新时期。经过 5 年的试点建设，截至 2005 年，北京共组建了区级农民用水协会 2 个，镇级农民用水协会 31 个，村级农民用水协会 88 个，临时用水小组 159 个。

北京还利用价格杠杆，提高民众的节水意识，调动民众节水积极性，并利用市场机制促进农业用水中对再生水和循环水的开发利用。2007 年颁布的《北京市农业用水水资源费管理暂行办法》（简称《办法》）对农业用水水资源费管理进行了明确规定。《办法》指出，利用取水工程或者设施直接从河流、湖泊、水库或者地下取用水资源，用于农业生产，超出用水限额规定的部分，全部征收农业用水水资源费。农业用水水资源费征收标准为：粮食作物每立方米 0.08 元，其他均为每立方米 0.16 元。农业生产取用再生水、农村集体经济组织及其成员的水塘或水库中收集的雨洪水以及农村家庭生活和零星散养、圈养畜禽饮用等少量取水，不征收农业用水水资源费。2014 年，北京市开始实施居民阶梯水价制度。居民阶梯水价每户年用水量划分为三档，水价实行分档递增（第一阶梯水价每立方米 5 元，第二阶梯水价 7 元，第三阶梯水价 9 元）。再生水价格由政府定价管理调整为政府最高指导价管理，每立方米价格不超过 3.5 元。数据显示，居民阶梯水价实施以来，户均月用水量下降了 0.17 立方米。

2006 年，北京出台了《关于建立本市农村水务建设与管理新机制的意见》以及《关于印发北京市农民用水协会及农村管水员队伍建设实施方案的通知》，提出在全市各区县组建农民用水协会和农村管水员队伍的具体要求和方案。农民用水协会制度的形成和农村管水员队伍建设，进一步推动了北京的农业节水实践。2006 年年底，北京全市成立了 125 个农民用水协会、3 927个村分会，组建了1.08万名农村管水员队伍，负责农村水务管理工作。

北京还设立了从事村级公益性农业技术的专门人员——全科农技员，承担着与农村生产公益性推广服务有关的任务。为加强农业节水人才的培训，使广大节水技术人员了解北京市严峻的水资源形势和农业节水的紧迫性，基本掌握各项农业节水技术，提高技术人员的节水理论素质和技术指导水平，北京市还在2014年开展了"百千万"农业节水培训工程，即培训100个技术人员、1 000个全科农技员，10 000个示范户。2014年，北京市农业技术推广站累计在9个郊区县开展高效节水技术培训171次，共培训节水技术人员164人次，全科农技员1 024人次，节水示范户10 481人次（程明，安顺伟，孟范玉，2015）。

2014年，北京市启动实施了"2463"农业节水行动。"2463"节水行动覆盖农业生产种植养殖所有领域："2"即瞄准2020年农业节水2亿立方米的目标，"4"即实施蔬菜产业、粮经产业、畜牧业、渔业4大高效节水工程，"6"即推广菜田高效精量、菜田简便实用节水、旱作农业生产、灌溉区大田作物节水、畜牧业高效节水、渔业高效节水6种节水模式，"3"即采用微灌施肥、喷灌施肥、有机培肥保墒、膜面集雨等31项农业节水主推技术，全面实现农业节水增产。

二、北京都市型节水农业发展现状

2016 年，北京农业用水总量超过 6 亿立方米。北京仍需要大力促进和发展节水农业，才能实现 2020 年农业用水 5 亿立方米的目标。目前，北京都市型节水农业发展现状如下。

1. 农业用水占总用水量比重较大

北京农业用水占总用水量比重较大。根据《北京市水务统计年鉴 2013》，近年来，北京 10 个郊区县用水总量基本稳定，且略有增长。2013 年，北京郊区用水总量为 20.2 亿立方米，占全市总用水量的 55.6%。从空间来看，城市发展新区的大兴、通州、顺义、房山、昌平五区农业发达，用水量较大。2012 年城市发展新区用水量为 15.74 亿立方米，占郊区用水总量的 80.4%。生态涵养发展区的怀柔、密云、平谷、延庆和门头沟五区县人口较少，经济规模相对较小，用水总量也相对较少。2012 年生态涵养发展区五区县用水量为 3.84 亿立方米，比大兴区用水量还要少，参见图 4-1。

从用水类型来看，郊区农村农业用水量最大，其次是三产用水、居民家庭用水和二产用水。郊区农业用水量为

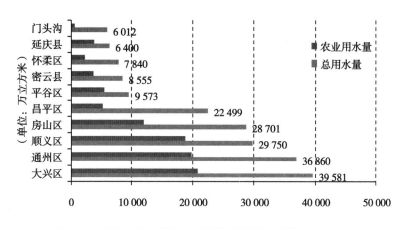

图 4-1　北京市各区县用水总量和农业用水量比较（2012）

92 616万立方米，占郊区用水总量的 47.3%，其中城市发展新区的大兴、通州、顺义、房山四区农业用水合计占全市农业用水总量的 77%，其他区县农业用水比重相对较低。各区县中农业用水占区县用水总量的比重以顺义区为最高，达63.5%，延庆、大兴、平谷和通州区的比重均超过 50%。二产、三产和居民家庭用水量分别占郊区用水总量的 13.1%、22.9% 和 16.7%，具体参见图 4-2、图 4-3。

北京农业用水以地下水为主。根据相关材料数据显示，2013 年，北京市农业用水 9.09 亿立方米，其中，地下水 7.20 亿立方米，占农业用水量的 79.2%；再生水1.77 亿立方米，占农业用水量的 19.5%；地表水 0.12 亿立方米，仅占农业用水量的 1.3%。可以看出，北京农业用水中，以地下水为主。因此，农业用水对于全市地下水损耗影响很大。

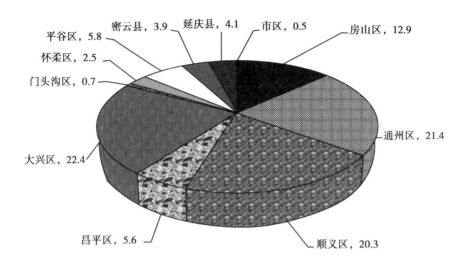

图4-2　北京市郊区县农业用水量占全市农业用水总量比重（**2012**）

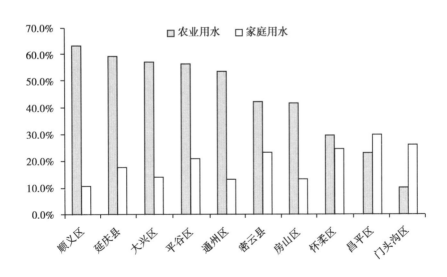

图4-3　北京市郊区县农业和家庭用水所占比重（**2012**）

2. 农业用水量与耕地面积正相关

耕地是进行农业生产的主要劳动对象，其面积变化对农业用水量影响很大。通过分析历年农业用水量和历年耕地面积的变化发现，农业用水量与耕地面积二者存在密切的正相关关系，二者相关系数达 0.65，具体参见图 4-4。

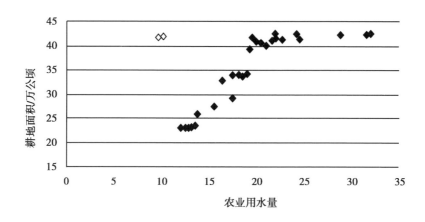

图 4-4　农业用水量与耕地面积散点图

北京耕地面积的大幅度减少是农业用水量减少的重要原因。从图 4-5 数据变化可以看出，近年来，北京市耕地面积逐年减少。1979 年全市共有耕地面积 42.7 万公顷，至 1994 年减少为 40.2 万公顷，1995 年以后，减少速度更加迅速。1995 年，耕地面积减少为 39.4 万公顷，到 2000 年耕地减少到 32.9 万公顷，2001 年，跌破 30 万公顷，耕地面积减少至 29.2 万公顷，到 2008 年，耕地面积减少为 23.2 万公顷

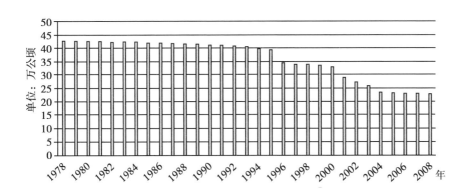

图 4-5　1978 年以来北京市耕地面积历年变化

（2008 年以后，北京统计年鉴不再统计耕地面积数据，故耕地面积变化只分析到 2008 年）。2008 年的耕地面积比 1994 年耕地面积下降了 42.3%。同期，2008 年农业用水量 12 亿立方米，比 1994 年下降了 42.7%，农业用水量的减少幅度与耕地面积的减少幅度几乎持平。另一方面，有效灌溉面积的缩减导致农业用水量的减少。有效灌溉面积是指灌溉工程设施基本配套，有一定水源、土地较平整，一般年景下当年可进行正常灌溉的耕地面积。因此，有效灌溉面积比耕地更能反映农业灌溉用水状况。通过相关分析发现，有效灌溉面积与农业用水量二者具有高度正相关关系，相关系数为 0.69，具体如图 4-6 所示。

从图 4-7 可以看出，1979 年到 2001 年，北京有效灌溉面积变化不大，基本维持在 32 万公顷上下波动。1979 年，北京有效灌溉面积为 34.08 万公顷，到 2001 年，北京有效灌

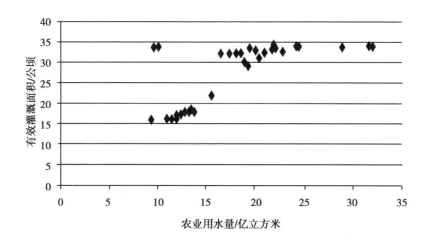

图4-6　有效灌溉面积与农业用水量散点图

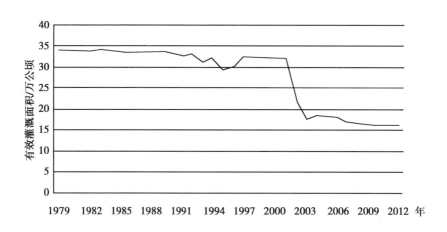

图4-7　1979年以来北京市有效灌溉面积变化

溉面积为32.27万公顷。2002年以来，随着城市化进程的快速推进，耕地面积减少，北京的有效灌溉面积大幅度下降，2012年有效灌溉面积15.92万公顷，比2001年下降了50.7%，而同期农业用水量从17.4亿立方米下降到9.3亿立方米，下降了 46.6%。北京农业用水的减少幅度略低于有效灌溉面积的减少幅度，可能与 1999 年以来北京市域范围内长期降水偏少有关。

3. 农业用水量区域性分布不均衡

据统计，2012 年，北京地区农业用水规模最大的是大兴、通州和顺义三个区，在这三个区中，每个区县农业用水占全市农业用水的比重都超过 20%，其中，大兴区农业用水占比最高，达 22.4%，具体如图 4-8 所示。

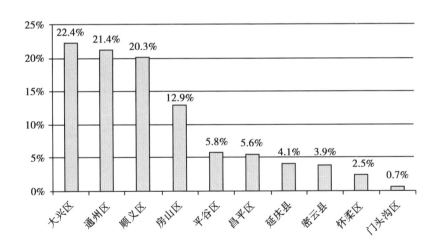

图 4-8　北京市各区县农业用水占全市农业用水比例（2012）

2012 年，农业用水量占区县用水量比重超过 50% 的区县有顺义、延庆、大兴、评估和通州。农业用水量占区县用水量比重低于 30% 的区县有怀柔、昌平和门头沟 3 个区县。具体如图 4-9 所示。

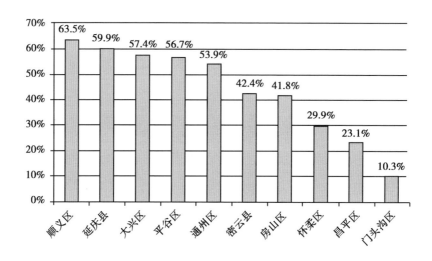

图 4-9 北京市各区县农业用水占区县用水总量的比重 （2012）

一般而言，节水潜力较大的区县，主要是农业用水总量较大以及农业用水比重较大的区县。

4. 单位用水量并没有大幅度减少

从单位有效灌溉面积亩均用水量变化上看，近年来，单位用水量并没有随节水农业发展出现大的减少。研究结果表明，1979 年以来，北京市单位有效灌溉面积亩均用水量变化较大，但并没有因节水农业发展而呈现出明显的减少趋势。20 世纪 80 年代初期，北京单位有效灌溉面积用水量最高，亩均用水达到 600 立方米。1979 年到 1989 年，平均亩均用水 455 立方米。1990 年到 1999 年，平均亩均用水量为 413 立方米。2000 年到 2009 年，平均亩均用水量为 455 立方米。2010 年以来，平均亩均用水量为 434 立方米，在用水量上有所下降，但与 20 世纪 90 年代相比，平均亩均用水量并未随着节水农业的发展而明显的减少。北京市历年单位有效灌溉面积亩均用水量如图 4-10 所示。

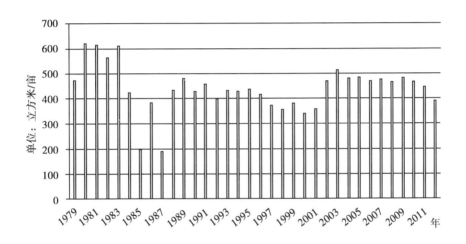

图 4-10　北京市历年单位有效灌溉面积亩均用水量

三、北京都市型节水农业发展取得的成绩

近年来，北京以"用水下降、农业增效、农民增收"为目标，加强农田水利建设工作，大力支持节水农业工作的开展，北京都市型节水农业发展取得了明显成效，节水农业灌

溉比重、灌溉水利用率位居全国前列。在节水灌溉面积上，节水灌溉面积已超过总灌溉面积的88%。其中，灌溉用水占北京市农业用水的90%以上。在农业灌溉水利用率上，已达到0.70。在农业用水量方面，则不断减少，由2001年的17.4亿立方米减少到2014年的10亿立方米以下，占全市用水比例也不断减少。可以说，经过多年的发展，北京都市型节水农业发展取得了一定的成绩，为提升首都生态宜居水平作出了重要贡献。

北京都市型节水农业发展取得的成绩体现在以下几个方面。

1. 农业用水数量逐年减少

北京现有粮田80万亩、菜田70万亩、果园100万亩。近年来，随着北京逐步加大对水资源的管理与调控以及对再生水的使用，北京的总用水量增长速度逐步放缓。其中，北京市农业用水量不断减少，占全市用水总量的比重不断降低。

根据北京市水资源公报数据显示，1980年以来，北京农业用水量虽有波动，但从总体趋势来看，北京农业用水量呈现出逐步减少的趋势。20世纪80年代，北京农业用水量超过30亿立方米。20世纪90年代，北京农业用水量为15到20亿立方米左右。2010年，北京的农业用水量接近10亿立方米。2015 年，北京的农业用水量下降到 8 亿立方米，农业用水量在逐步下降。具体如图 4-11 所示。

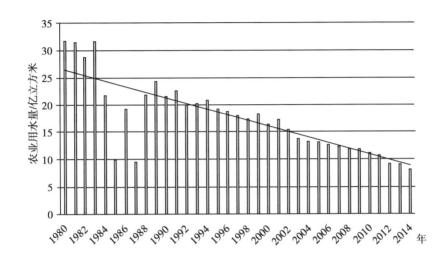

图 4-11　1980 年以来北京市农业用水量变化

为保证城市发展和用水资源安全，北京市以大力节水拓展城市发展空间，不断调整产业结构和用水结构，农业用水占比逐步减少。农业用水量由 2000 年的 17.6 亿立方米，减少到 2012 年的 9.3 亿立方米。从农业用水量占北京用水总量的比重来看，1980 年，北京农业用水占总用水量的 63.0%。2005 年，农业用水占全市总用水量的比重为 38.3%，2010年，下降到了 32.5%。至 2014 年，农业用水占比下降到 21.9%，具体如图 4-12 所示。

2014 年起，顺义区、房山区、通州区漷县镇开展农业综合节水试点。3 年来，北京全市累计调减粮食作物种植面积

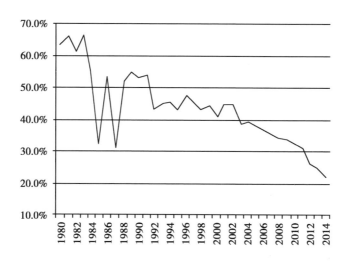

图 4-12　1980 年以来北京市农业用水占全市用水量比重

66 万亩，调整高耗水粮食作物冬小麦播种面积 24.9 万亩；
新增改善节水灌溉面积 20 多万亩，一半以上的农业灌溉机井
安装智能计量设施；密云水库库滨带退出农业种植 10 多万
亩，发展水源保护型湿地 6 万亩，建设库滨带 4 万多亩，全
面退出一级水源保护区内规模养殖场 17 家。北京市农业用新
水量由 2013 年的 7.3 亿立方米下降到 2016 年的 6.04 亿立方
米，降低了 17%，年均节水 4 000 万立方米（高珊珊，
2017）。2014 年北京启动的"2463"节水行动，明确表明，
在 2020 年需要将农业用水缩减到 5 亿立方米左右。可以说，
在宏观政策引导下，未来，北京农业用水数量及占比还会有
所减少。

2. 农业用水效率明显提高

进入 21 世纪之后，北京市在响应国家节水号召的基础上，逐渐提高节水技术，并加强应用现代化手段，不断提高用水效率，北京的水资源利用效率指数居全国首位。根据《中国水资源利用效率评估报告》，北京市的水资源利用效率目前在全国最高，具体参见图 4-13。

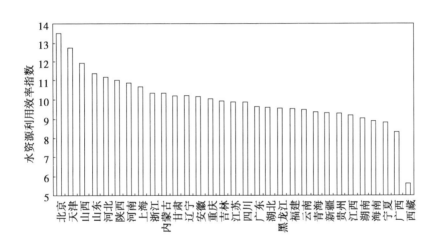

图 4-13 中国各省市水资源利用效率指数

（数据来源：许新宜等，2010）

北京农业用水效率也在不断提升。据相关数据得知，近年来，北京市灌溉用水利用系数不断增加。2001 年，北京市农田灌溉水有效利用系数为 0.55，2005 年为 0.65，2008 年为 0.678，2012 年已达 0.697。2013 年，北京市灌溉水有效利用系数达到 0.701，比全国平均 0.52 高出 35%（文静，

2014）。2016 年，北京的农田灌溉水有效利用系数更是高达 0.723。北京农田灌溉水有效利用系数的不断提高，显示了北京节水农业技术实力的增强。

同时，北京市万元农业产值水耗不断降低。北京市万元农业产值水耗，从 2003 年的万元产值水耗 1641 立方米，下降到 2012 年的万元产值水耗 619 立方米，近 10 年间下降了 62.3%，用水效率明显提高，具体如图 4-14 所示。

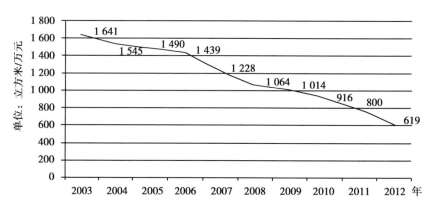

图 4-14 北京市农业万元产值水耗变化（2003—2012）

3. 农业用水结构不断优化

近年来，北京农业用水结构在不断优化。一直以来，北京农业用水主体是地下水，或者是地下水、地表水与再生水的结合。近年来，北京开始逐步减少对地下水的开发，逐步重视再生水的利用。

北京农业用水以使用地下水为主，近年来，北京市再生水利用量及其占郊区用水量的比重不断增加。2004年，北京开始重视再生水的开发和利用，将再生水纳入全市年度水资源配置计划中，并运用到农业生产中去。2012年，北京郊区雨水利用工程共有1 456处，占全市雨水利用工程总量的70.1%，蓄水能力达到3 387.38万立方米，年末蓄水量为7 636.26万立方米，占郊区用水量的0.38%。2013年，全市郊区再生水利用量达到4.2亿立方米，占郊区用水量的20.8%，占全市再生水利用量的52.7%，主要用于农业灌溉和环境用水。2014年，北京再生水使用量已占全市总用水量的23%，成为重要的"第二水源"。再生水的利用在一定程度上缓解了北京农业用水困难现象，改善了北京的农业用水结构，减轻了北京农业对地下水的过度开采和依赖。2013年，北京的农业使用地下水量7.31亿立方米，农业用再生水2亿立方米。通过结构节水、农艺节水、集雨回收的充分利用，2015年，北京农业使用地下水量已经减少到6.38亿立方米，年累计减少农业用水4 460余万立方米，相当于24个昆明湖的蓄水量（刘雪玉，2016）。

2000年以来，北京逐步利用城市再生水和集蓄雨水用于农业灌溉。2006年，北京开始利用坑塘、沟道、塘坝、庭院、设施农业的方式，进行雨洪利用工程建设（宋卫坤等，2014）。到2010年，北京雨洪利用工程达到800处，蓄水能力达到 0.26 亿立方米。截至 2015 年，北京共建成各类雨洪利用工程 2 150 处，全市雨水综合利用量近 1.83 亿立方米（朱松梅，2015）。

2002 年，北京开始大规模利用再生水灌溉。到 2010 年，再生水灌区面积已经发展到 58 万亩，主要分布在大兴区的南红门灌区和通州区的新河灌区。年利用再生水量达到 3.0 亿立方米，占农业灌溉总用水量的 29.4%。2012 年全市再生水灌溉用水量 1.77 亿立方米，占农业用水量的 19.5%，占全市再生水总量的比重为 23.6%。再生水灌溉取得了显著的效果，具体参见表 4-1。

表 4-1　北京市再生水利用（2012）

项目	再生水用量（万 m³）	不同用途再生水所占的比重
城六区	34 045	其中工业用水占 40%，环境用水占 55%
郊区	40 958	其中农业用水占 50%，环境用水占 45%
其中：通州	16 310	以农业用水和环境用水为主
大兴	11 661	以农业用水为主

数据来源：《2012 年北京市水务统计年鉴》

4. 节水灌溉面积逐步扩大

近几年，在农业节水问题上，北京市严格遵循"用水下降、农业增产"的基本原则，加强对新技术的应用与推广，无论是喷灌、滴灌还是微灌，均融入了新技术，在这一背景下，北京的农田水利设施建设得到了快速发展，节水灌溉面积逐步扩大。

依据北京市水务局的统计与分析，截至 2012 年，北京农田节水灌溉面积达 429 万亩，占总体灌溉面积的 88%。非工程措施面积达到 100 万亩，再生水灌溉控制面积 60 万亩，已建成 1 000 处农村雨洪利用工程，蓄水能力 2 800 万立方米（李庆国，2012）。

2015 年，北京建设高效节水灌溉工程 5 万亩，高效节水设施和农艺节水技术得到大力推广，全市小麦应用喷灌的面积占总面积的 54%，蔬菜推广水肥一体化、覆膜灌溉等高效节水技术覆盖率达到 45%，尤其是节水品种、深耕深松、喷施化学抗旱剂等各项农艺节水技术得到了广泛应用。全年农业用新水节约 4 000 余万立方米（李祥，2016）。其中，截至 2015 年 5 月底，全市蔬菜推广应用高效节水技术 19.5 万亩，覆盖率达到 45%，共节水 924 万立方米（李慧，刘坤，2015）。2015 年，北京市种植业（不含果树）推广应用高效节水技术 90.4 万亩次，实现总节水 3 475 万立方米。其中，粮食高效节水技术 47.9 万亩，总节水 1 770 万立方米，以高效灌溉技术（喷灌、微喷）为核心，配套节水品种、水肥一体化、秸秆覆盖保墒和深耕蓄水保墒四大农艺节水技术，推广蔬菜高效节水技术 42.5 万亩次，总节水 1 705 万立方米

（北京市农业局，2016）。

5. 节水灌溉措施多样发展

当前，北京的节水农业基本形态是以滴灌与膜面集雨为主的工程节水技术，此外还有各类灌注农业节水技术，节水灌溉措施呈多样化发展的态势。

北京比较有代表性的节水技术包括工程节水灌溉技术、管理节水技术、生物节水技术等，主推微灌和覆膜沟灌两种节水模式，配合高效灌溉制度、水肥一体化、地膜覆盖、培肥保墒等技术，且这些技术呈现出综合交叉使用的特点（北京市农业局，2016）。在灌溉方式上，北京的灌溉方式由传统的"浇地"向"浇作物"转变，充分利用膜下滴灌和水肥一体化等技术，还有的在出水口接"小白龙"、消防带等输水软管，减少土垄沟对水资源的吸附和浪费。在多种技术的推动和支撑下，北京节水灌溉措施呈多样化发展。此外，北京还加强对再生水与雨洪水的利用，这在一定程度上增加了灌溉水的来源。

北京市还积极通过结构调整节约农业用水。2015年上半年，北京全市4 127万立方米的节水数据中，因农业结构调整减少的农业用水达2 330万立方米。其中，小麦种植面积因同比减少10万亩，实现节水1 430万立方米。在地下水严重超采区没有新增菜田，同时调减水生蔬菜等高耗水蔬菜品种，2015 年，全市水生蔬菜播种面积仅 2 400 亩，减少用水约 900 万立方米（刘菲菲，许国明，2015）。

2013 年，北京市节水灌溉面积中，低压管灌是最主要的节水灌溉方式，占节水灌溉面积的 63.8%，其次是喷灌占 18.8%，微灌占 5.8%。灌溉效率较高的滴灌比重仍须提高，具体参见表 4-2。

表 4-2　北京节水灌溉面积构成情况（2013）

项目	节水灌溉面积（千公顷）	比重（%）
喷灌	38.19	18.8
微灌	11.73	5.8
低压管灌	129.82	63.8
防渗渠道灌溉	9.45	4.7
其他节水灌溉	14.41	7.1

数据来源：《2013 北京市水务统计年鉴》

6. 农业节水效益显著提升

近年来，节水农业的发展为北京带来了良好的经济和社会效益。以灌溉设备成本为例，过去由于滴灌设备成本高，一亩地在灌溉方面需要投入约 1 500 元。经过技术改革，目前采用的一次性膜下滴灌已将成本降到一亩地 500 元左右，这为农民节约了 1/3 左右的成本。

目前，滴灌式水肥一体化栽培技术模式已在北京市草莓、蔬菜生产中大面积推广，其中，全市的 1 万多亩草莓全部应用。生产实践表明，与"大水漫灌"方式相比，利用滴灌式水肥一体化栽培技术模式生产草莓，每亩用水量减少 60 多方，每亩化肥用量减少 30 多千克。循环式水肥一体化也得到了逐步的应用，这种栽培技术模式栽培草莓，每亩用水仅为 40.9 方，用肥 45.5 千克；与滴灌式水肥一体化栽培技术模式相比，每亩节水近 90 立方米、节省化肥 14.5 千克（高启臣，2015）。

以北京泰华芦村种植专业合作社为例，该合作社园区共计安装了 222 栋的滴灌设备，28 栋温室安装了喷淋设备，在推动节水技术高效发展的同时，也在一定程度上实现了农业节水与农业经济增长的双效收益。据统计，园区在安装了节水设备后，全年可节约用水 2 万余立方米，并节省了人工、节约了种植用水量，经济和社会效果明显。以黄瓜为例，1.5 亩日光温室生产一季黄瓜需要耗水 330~350 立方米。安装喷灌设施后，平均节约用水约 30%左右，按现在的成本计算，可节约电费约 49 元。如果每年种植两茬果菜一茬叶菜的话，一个棚室可节约水资源 200 多立方米，可节约电费成本 100 元左右，园区全年可节水 2 万余立方米，电费成本节约

1 万元，实现了良好的经济效益、社会效益和生态效益（李慧，刘坤，2015）。

7. 节水科技示范效应突出

北京科技力量全国首屈一指，科技进步对首都农业增长的贡献率已达 67%。在节水示范方面，北京的节水科技示范效果显著。截至 2012 年，北京共建高标准农田节水示范基地 225 个，节水 30% 以上（佚名，2012）。北京还建立了 100 多个水肥一体化示范基地，示范推广滴灌施肥、重力滴灌施肥、微喷施肥、膜面集雨滴灌施肥和覆膜沟灌施肥等五套技术模式（李庆国，高杨，2014）。北京在生物节水方面也走在全国前列，也取得了较好的生态和社会效益。比如，北京市雨养玉米节水科技示范推广工程就取得了显著成效。北京市雨养玉米节水科技示范推广工程筛选出 10 个适宜北京不同生态区雨养旱作高产优质玉米新品种，创建了玉米雨养旱作综合配套技术体系，建立了土壤墒情与气象信息服务体系，形成了"政府推动、政策拉动、部门联动、技术带动、周边互动、农民主动"的新型技术示范推广体系。截至 2009 年，已累计示范推广雨养旱作玉米 500 万亩，节水 1.08 亿立方米，取得了良好的社会、经济和生态效益。

四、北京都市型节水农业发展典型案例

随着北京农业结构调整的不断推进和对节水农业的大力推广，北京顺义区的赵全营镇、通州区漷县镇在发展节水农业方面走在了北京的前列。

1. 漷县镇的高效节水示范镇建设

北京市通州区漷县镇共辖 61 个行政村、3 个社区，常住人口 8 万多人，耕地面积 8 万亩。近年来，围绕"细定地、严管井、上设施、增农艺、统收费、节有奖"的节水新模式要求，漷县镇率先打造高效节水示范镇。通过以节水增效为目标，以配套完善农业灌溉、饮用水供应等设施为基础，以调结构和标准管理、以量计征、专业管护为手段，统筹推进农业用水和农村生活饮用水节水，并试点建立村民用水收费和设施管护长效机制，实现了高效节水设施良性运行。

为节约农业用水，漷县镇建立了与水资源优化配置相适应的节水灌溉工程，包括水源、输水管网、水肥一体化和田间节水灌溉工程等。在田间节水灌溉工程方面，建设了包括柏庄设施蔬菜滴灌工程、觅子店露地蔬菜微喷工程、黄厂铺集约化粮田喷灌高效节水灌溉工程。漷县镇还开展了农业机

井计量工程，新装农业机井智能计量设施 403 套，更新改造
1 080 套，建设农业用水信息化管理平台 1 套，并开展节水示
范村建设。截至 2015 年 12 月，潞县镇柏庄村的设施微喷系
统已经基本安装完成并开始使用，黄厂铺的时针式喷灌机已
经开始运行（李庆国，2015）。

潞县镇黄厂铺村于 2014 年 6 月开展家庭农场试点工作，
统一组织流转土地 1 362 亩作为家庭农场试点区域种植面积。
黄厂铺村的家庭农场实施了集约式良田喷灌改造工程，通过
配套节水喷灌设施，推广水肥一体化技术，实现水肥高效利
用。通过水肥一体化灌溉，每年每亩地可增产 60 千克，每亩
地用水较常规灌溉节水 91.34 立方米（佚名，2015）。

2. 赵全营镇的都市型高效节水农业建设

近年来，赵全营镇开始进行都市型现代农业万亩示范区
的建设，该园区占地面积 1 万余亩，其建设重点就是节水农
业。赵全营镇的都市型现代农业万亩示范区引领了传统农业
产业改造升级，通过建设现代化的高标准花园式农业综合示
范区，充分发挥了都市型现代节水农业的典型示范和辐射带
动作用。赵全营镇的都市型现代农业万亩示范区在农业节水
方面主要实施了四项工程：

一是高产高效种植与经营机制创新，包括管理实现统一
良种、统一播种、统一管理、统一防控、统一收获的"五统

一"，种植展示粮食高产新品种，示范 12 项先进技术，探索家庭规模化经营、粮食种植合作社两种方式等。

二是现代装备应用，主要运用物联网技术和 3S 技术，现万亩示范区机械化水平已达 100%，农田灌溉及农机作业的智能控制、精准作业，建设万亩方 221 示范应用平台"万亩方 221 示范应用平台"等。在示范区里，只需一台电脑就可以足不出户随时掌握农田里作物的生长情况，而通过手机轻轻按下一条指令，就能让大田里的节水设备自动运行。物联网、北斗导航、4G 通信等技术已经全面融入这里的生产领域，有力支撑起了农业的调转节。据测算，万亩示范方亩均节水、节肥、节药、节能均达到 30% 以上（李庆国，芦晓春，2016）。

三是高效节水灌溉，包括机井更新改造、泵房改造、大田喷灌更新改造，实现用水自动计量控制，建立农业用水量管理系统。赵全营镇去碑营村采用的时针式喷灌施肥系统，单套系统控制面积达 216 亩，利用手机即可实现对灌溉施肥的远程自动控制，极大节省了灌溉施肥的劳动力。以时针式喷灌施肥为核心，配合应用保护性耕作（深松保墒、秸秆还田等）、化学抗旱等技术，小麦实收亩产量达到 553 千克，较常规灌溉施肥方式增产 38.9%，单方水产出达到 2.58 千克，每亩节约劳动力 0.7 个（程明，安顺伟，孟范玉，2015）。

四是沟路林渠与生态景观建设，包括道路工程、边坡治理、桥涵建设、排涝工程、防护林工程以及生态景观提升工程等。

通过这四项工程建设，示范区实现了增产增效，粮食单产提高 10%～20%，经济效益增加了 15%。2013 年，小麦平均亩产 363 千克，夏玉米 500 千克，高于全区平均数 15%。同时，通过更新机井、铺设管网等措施，示范区还实现了有效节水，示范区粮田年节水量约 60 立方米/亩，节水率约为 30%，年节约用水约 90 万立方米。

围绕发展高产、优质、高效、生态、安全农业的总体要求，赵全营镇的都市型现代农业万亩示范区集中展示了北京现代农业的高起点、高标准和高水平建设，达到了基础设施显著改善、物质装备精良配套、体制机制科学顺畅、集成技术综合运用、多功能性整体显现。

赵全营镇北郎中村通过开源和节流两条腿发展节水农业，是赵全营镇发展节水农业的典型。北郎中村通过充分利用生活废水和雨水实现水资源的"开源"。在废水处理方面，北郎中村将全村的生活废水集中起来，采用先进的中水处理方法处理后，通过地下管道回流到村内的坑塘和蓄水池，用于景观用水及浇灌树木。北郎中村在全村修建了 5 处雨水拦截综合利用设施，实现 10 万立方雨水综合利用，同时也补充了地下水。

北郎中村通过处理废水实现水资源的节流，大力推广使用节水技术与措施。改造了种猪饲养供水系统，安装了 4 套新型高压冲洗系统，引入了清洁生产模式，年节约用水达 10 多万立方米。北郎中花木中心更新了 200 亩的花卉生产温室灌溉设施，采用微喷、喷灌带的灌溉方式，实现节水 30% 以上；在温室区内铺设了雨水收集管线，扩大种植节水型绿化新品种 20 多个 600 多亩；在 80 亩蔬菜种植曝光温室，建立了配套的滴灌、喷灌、沼液综合利用系统，推广无公害生物防虫技术，以减少用水；推广种植节水型蔬菜，并在基地建立起了一个 600 方的地下雨水综合储用设施，以综合利用雨水。北郎中在实施这样一系列措施后，收到了良好的经济效益和社会效益，年可实现节约用水 40 万立方米，综合利用雨水近 10 万立方米，综合利用水资源 20 万立方米（李单，2015）。

鉴于赵全营北郎中村在节水农业发展方面的贡献，北郎中村被北京市农工委、市农委、市人力资源和社会保障局评为"北京高效节水农业发展先进村"。

五、北京都市型节水农业发展存在的问题

近年来，北京都市型节水农业发展取得了巨大的进步。同时也存在着一些问题，比如节水技术创新、集成与推广不

够，节水管理体系不完善，节水市场发育不足，节水效益低下，节水主体用水理念落后与节水行动不足，农村用水户参与节水的积极性不高等问题。2012 年，北京市农业灌溉用水利用系数已经接近 0.7，高出全国平均水平 40%，比 2000 年的 0.55 提高了约 36%。尽管北京的农业灌溉用水利用系数较高，但与发达国家 0.7~0.8 的系数相比，北京市农业用水效率仍然有提高的空间。另外，北京农业用水量的减少，很大程度上源于农业比重的减少及对耗水作物的结构调整，平均亩均用水量并未随着节水农业的发展而明显的减少。

从管理的角度看，北京都市型节水农业发展存在的问题主要体现在以下几个方面。

1. 农业节水技术创新不足，推广力度有待加强

新形势下，北京都市型节水农业在节水技术方面存在着创新不足、推广力度及系统性有待加强等问题。就目前而言，北京的农业用水效率相对全国较高，但是与以色列等用水效率高的国家相比仍然有很大的提升空间。

（1）农业节水新技术与产品研发不足

北京节水农业发展存在的一个问题是对低成本、高效率的新型农业节水设备与制剂研发不足，适用性强、节水效能高、成本低廉的节水产品品类不多，尤其是高效环保型节水

材料与制剂研发不足。另外，针对北京平原和山地地区的农业发展需求的高效节水产品研发滞后，相关产品的标准体系尚未建立。

（2）节水技术应用及研究缺乏更加有效的统筹

节水农业作为一个复杂的系统工程，包含多种技术管理措施，主要有农业水资源合理开发利用技术、节水灌溉工程技术、作物耕作栽培技术和多层面的节水管理技术（邱振存，2000）。但是在实践中，相关技术应用和推广分属于不同的行政部门管辖，涉及到农业、水务、科技、经信、发改等多个政府部门，缺乏从全市层面对相关技术应用产生的风险及其防范、技术规范及配套措施的系统性统筹与推进。

就单项农业节水技术而言，北京市已经比较先进，但是针对不同生产方式和不同农业类型，并没有形成高效、实用、成本适用的技术群以及相关的技术和服务规范，从而制约着北京市都市型农业节水技术的高效利用和推广。未来，北京需要大力协调发展相关类型的节水和管理技术，促进工程节水技术、园艺节水技术与节水管理技术的有机协同与融合。

根据水务统计数据，2012 年，北京市不同节水灌溉技术灌溉面积以低压管灌为主，占灌溉面积的 63%；而节水效率更高的喷灌面积为 19%，微灌面积仅为 5%。就全市而言，一方面需要大力推广节水效率更高的喷灌、微灌等灌溉技术和方式，另一方面，也需要根据各区农业发展的实际条件和需求，结合成本核算，推广适合于不同类型果园、菜田、花卉和各类休闲观光农业的微灌技术，包括滴灌、膜下滴灌、微喷灌、小管出流、渗灌等，参见图4-15。

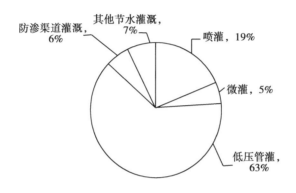

图4-15 北京市节水灌溉面积构成（2012）

（3）节水灌溉技术的应用需要体现区域适宜性

目前，对节水灌溉技术应用的区域适宜性研究的还不够深入，尤其是针对广大山地丘陵地区和其他不适宜灌溉地区旱作农业的节水研究不足，从而导致节水技术推广缺乏良好的区域针对性和适应性，一些很好的节水技术难以得到农民的认可，会使得节水效果打折扣。

对北京市各区县农业节水适应性技术类型及灌溉技术推广潜力的细化研究不足。北京市灌溉面积和节水灌溉面积集中分布在大兴、顺义、通州和房山等城市发展新区的几个区，生态涵养区中以平谷和延庆最多，各区县节水灌溉面积占灌溉面积比重超过95%的有大兴、通州、怀柔、昌平，低于80%的有房山和密云。平原区节水灌溉的潜力主要为改变节水灌溉方式和种植结构，如将低压管灌改为更加高效的喷灌和微灌方式，降低高耗水作物种植比重等。山区地区，节水灌溉的潜力主要体现在改变种植结构，增加旱作面积和比重，增加抗旱作物种植等方面。北京各区县灌溉面积和有效灌溉面积分布面积参见图4-16。

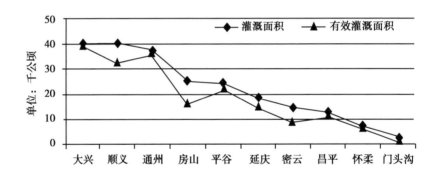

图4-16　北京市各区县灌溉面积和有效灌溉面积分布（2012）

数据来源：《2012北京市水务统计年鉴》

2. 节水管理体系亟需完善，市场机制作用不足

目前，就北京市而言，在农业水资源开发和利用过程中，政府和行政手段仍起着决定性作用。但由于长期以来的城乡二元分割式发展影响，北京对郊区农村供用水的开发和

管理相对较为粗放，农村用水多采取村集体"一事一议"的自主管理方式，在全市层面缺乏统一的有效管理。农业节水管理体系仍需进一步完善，并通过节水市场培育，充分发挥市场和经济手段在节水实践中的基础性作用。

（1）节水法规政策和管理体系尚待完善

农村地区节水政策尚不完善。北京市已经形成了以《北京市〈实施中华人民共和国水法〉办法》（2004）、《北京市节约用水办法》（2012）为核心的节水法规体系，形成了节水规划、农村供用水和节水灌溉系列地方标准，相对城区而言，郊区农村节水缺乏可行的实施政策和相对硬性的实操层面的措施，节水农业发展实践缺乏系统、完善的政策法规实施体系。北京农业节水发展政策和制度创新方面较为滞后，已成为制约北京农业节水技术应用和效益提高的重要因素。目前迫切需要建立节水投入补偿机制，逐步发展与完善水权的分配与转让机制，通过水市场的调节，激励各地农村用水户大力推广应用节水农业技术措施，保障节水农业的持续发展。

农村基层节水管理效率不高。就管理制度体系而言，北京市已经形成了"市、区、乡镇"三级城乡一体化的水务管理体系，全市节水管理在市水行政部门统筹管理和指导下开展。但在乡镇和村层面，并未形成清晰统一的管理体系，全市各区的水务管理体系并不相同。乡镇层面的水行政管理机构是流域水务站或乡镇相关主管科室，2006 年后，北京在全市范围内组建了农民用水协会协助管理，有些村镇还存在水务纵向管理与村镇管理不能有效融合的问题，节水管理政策和体制仍然效率不高。

尽管在 2006 年，为全面贯彻落实北京市政府 41 号文和市水务局相关文件精神，解决长期以来村级末端涉水事务管理主体缺位问题，水务、农委、财政、发改和民政五部门联合发布了《关于印发北京市农民用水协会及农村管水员队伍建设实施方案的通知》（京水务农〔2006〕75 号），为解决长期以来村级末端涉水事务管理主体缺位问题，在全市各区县全面推行世行项目中关于农民用水协会管理的成功经验，组建农民用水协会和农村管水员队伍，共组建了 125 个乡镇级农民用水协会、3 927 个村级农民用水分会，同时组建了 10 800 名的农村管水员队伍，农民用水协会与农村管水员队伍管理范围基本覆盖了京郊所有农村区域。但是，经过十年的实践，农民用水协会运行一直存在一些问题。

首先，以政府为主导的发展模式一定程度上，难以推动农村用水户有效参与节水管理实践。北京市农民用水协会发展具有一定的政府主导特征，体现在农民用水协会的组建、管理、运行发展等诸多方面。在农民用水协会/分会发展的各个环节，农村用水户参与的途径与方式少，有效参与不足。

其次，农民用水协会与基层水务行政部门缺乏良好的职能分工与协作。在 2001 年到 2005 年的试点阶段，北京市农民用水协会的职能比较单一，主要是负责农业灌溉管理。进入全面推广阶段后，农民用水协会的职能相对泛化，各区农民用水协会章程大同小异，章程中所规定的协会职能基本与基层水行政部门相一致，差异不大，在实践中协会运行困难重重，职能落实相对有限。

再次，多头管理与村委会作用过大问题并存。北京市农民用水协会的管理体制有待完善，这体现在，尽管各区农民用水协会的管理存在较大差异，但部分存在管理主体较多、管理效率较低、村委会的作用过大等问题，影响协会作用的充分发挥。同时，农民用水协会与村分会事实上关系互动性较差，反馈机制不完善。

最后，农民用水协会自主管理的运行保障不足。首先，在法律制度层面，农民用水协会良性运行的法律制度保障不完善，如关于水权的规定不清晰，一定程度上缺乏农村小型水利设施产权改革的配套政策。其次，农民用水协会一定程度上缺乏必要的组织、人员保障，协会相关的部分组织管理制度设计难以在实践中贯彻落实。再次，农民用水协会运行的经济基础有所缺乏，协会成立之初，经费主要依赖政府财政资金，之后，协会运行经费存在不足。

农村管水员制度是北京市在基层节水管理实践中的政策创新，经过近十年的运行，农村管水员已经成为农村基层水务管理的关键主体和支撑，取得了良好的效果。但是实践中，农村管水员队伍建设也存在一些急需解决的问题。

首先，农村管水员职责较多。与农民用水协会的职能相适应，管水员的职责涉及机井管理、用水计量、月统月报、征收水费和水资源费、农村节水和水源保护工作、农村公共水务设施的日常维护和管理、农村水务突发事件的应急处置及上报、以及其他村分会或村委会交办的工作，几乎涵盖了水务主管部门的所有工作领域。

其次，农村管水员用工管理规范性待提高，待遇偏低。管水员与农民用水协会、水务站、村委会的部分法律关系不清晰。

再次，农村管水员考核管理不规范，奖惩机制需要完善。调研发现，管水员考核在实践中的客观依据需要完善，部分村分会对管水员的考核评价较为随意，基层水行政部门难以监督。部分管水员考核缺乏奖惩机制。此外，由于管水员补贴一般由乡镇财政代为发放，水务主管部门、村委会作为管水员的管理者可能难以通过经济手段对管水员进行有效管理。

农业节水政策与管理上存在的问题，在实践中与农业节水技术及集成方面的问题相交织，对京郊农业节水实践的影响更为深刻，不解决政策和管理上的这些问题，即使再有效的节水技术也较难得到有效推广和应用。

（2）节水实践的参与性和市场机制作用不足

目前，北京市已经形成了以政府为主导、城乡一体化的节水管理体制，即以水行政管理部门为主导，统筹管理全市的城乡水务事务，包括节水事务。北京的节水管理是在市水行政部门统筹管理和指导下开展的，但由于北京市曾经长期采取城乡分割的水资源管理体制，郊区节水管理体制存在的问题包括：

一是节水实践以政府为主导，公众参与不足。现有农村供用水设施建设和维护运营投入主要依赖政府，没有区分公益性设施和一般运营设施，因此，存在着一方面政府投入过大，一方面用水设施建设和管理资金紧张的问题。农村用水节水设施建设和维护基本上由政府财政大包大揽，运营效益不高，一些设施损毁率较高。农民生活和生产用水基本免费，存在农村用水"等、靠、要"现象，农民和社会组织机构节水的积极性需要提高。

二是郊区节水实践以行政手段为主导，经济手段所起的作用相对较小。郊区农村居民用水和农业用水收费管理方式多样，尚未形成科学有效的收费制度和监管机制，有待充分发挥经济手段的节水作用（冉连起，金良浚，2011）。

2002 年，北京市开始全面征收水资源费，郊区水资源费征收的主要对象有农业用的地下水及其他用水户使用的水源，水资源费的征收标准并不相同，由各区县水务局所属的节水事务中心和水务所段负责实施，直接缴付区县财政局。目前北京市水资源费的征收存在着静态、单一化和总体偏低的问题（何华，任建明，2004），一定程度上难以适应北京市城乡节水和水务管理实践和供水市场化的新需求。目前，部分郊区农业生产和农民生活用水水资源费征收尚未得到有效实施（申碧峰，2008）。

截至目前，北京市在郊区农村地区尚未全面推行有偿用水制度，郊区村镇供水定价机制和征收机制不健全，区域水价管理差别较大，征收率偏低。村镇供水由于水厂规模较小，部分水厂实际供水规模远小于设计规模，设备浪费严重，运行和维修成本较高，造成综合水价成本偏高，但制定和征收的水价偏低。村镇水价管理的差别体现在区域、人群、水源、征收方式等诸多方面。各区和村镇水价存在较大的差别，经济条件相对较好的区水价水平也较高；农民家庭生活用水和农业用水价格较低，不仅低于城区水价，而且一般明显低于周边城镇水价；集中供水和自备井供水价格不同，一般而言，自备井价格偏低（裴永刚，李爱杰，肖华，2009）。此外，水价管理和征收方式也存在较大的区别，管理方式包括集中供水的公司化管理、水务站管理和乡镇政府管理等，分散供水一般采取村委会管理，水价征收方式方面，有的免费供水，有的采取限价和定额管理方式等。水价的构成也不同，有的地方水价包括水资源费或污水处理费，有的地方水价主要包括供水单位运行成本，其中，主要是电费成本。

三是农村水资源产权落实缺乏实操层面的可行政策措施。由于历史原因，农村的水资源产权概念不明晰，在实践中，部分区域的水权制度改革停留在概念层面，缺乏可操作的具体政策和措施，这是京郊农村节水管理困难的一个重要原因。根据我国相关法律，水权包括水资源的所有权、经营权和使用权，水资源所有权归国家或集体所有。针对农村而言，水资源所有权归集体所有，但在实践中，水资源所有权指向不清晰，水资源的经营权和使用权事实上归属于地方，如乡镇和村，国家进行有效配置的有效方法还需探索。

四是节水管理忽视服务环节的完善。郊区节水实践过于注重节水设施建设和节水技术应用，相对忽视节水管理和相关服务的完善。由于农业用水转换频繁，需要根据不同季节、不同区域农村的实际用水需求，为各种不同类型的农业生产、不同性质的农村活动提供更加有针对性的服务，但是目前郊区政府主导下的供用水管理在适应农村用水的现实需求、提供高质高效的节水服务的良好机制方面还存在一定问题，从而导致农村节水效果并不尽如人意。

水权分配与交易机制尚未建立，无法完全满足节水农业发展需求。随着 2011 年最严格水资源管理制度的全面落实，北京市用水总量控制力度进一步加强，计划用水控制管理达到了较高水平，但是，在水权交易制度建设方面进展较为缓慢，通过经济、法律手段对水资源优化配置的途径较少。在水权转让方面，目前仅《取水许可和水资源费征收管理条例》第二十七条明确可以依法有偿转让节约的水资源，《水法》等法律法规均没有对水权、计划用水指标等水资源使用权的转让做出规定，开展水权交易的配套法律法规尚不完善。当前，北京市对地下水资源，尤其是农村自备井的监控能力、农业用水管理手段仍需提高，制约了水权交易制度的全面落实。

（3）农业节水管理缺乏必要的系统协同

目前，北京市都市型现代农业发展取得了显著成就，但北京的农业节水管理较为关注节水灌溉面积及其比重的变化，在对农业结构调整的深化引导、对灌溉效率的关注和科学评估，从战略层面对节水的系统性考虑方面有待加强，对设施农业、观光农业以及其他种养殖业发展的引导较少考虑到节水需求，从而导致农村节水投入不断增长，节水面积也不断在扩大，但节水效益可能并不尽如人意。

近年来，北京农业节水实践长期以来重工程建设、轻管理服务的问题尚未从根本上改变。部分节水灌溉管理存在重视工程建设、轻视设施管护利用，注重设施的安装配套、轻视技术服务，注重灌溉供水保障、忽视灌溉水量的严格控制等问题，从而导致部分区域节水灌溉缺乏有效的维护，利用效率不高，甚至存在节水灌溉设施"挂在墙上晒太阳"的现象，部分已经推广高效节水设施的灌区尚存在大水漫灌现象。在部分郊区农村，用水管理相对粗放，水务管理人员的任务主要是看护灌溉设施和收取水费，对于节水政策的落实与监督基本可能无暇顾及。

节水灌溉技术服务体系不健全也是节水农业推广难的原因之一。节水设施以政府一次性投资建设为主，后期设备维护缺乏资金、人员和技术队伍，"重建设轻管理"的问题存在。一旦设备出现故障，无人管、没钱修，工程的后续管理没有跟上，农业产前、产中、产后的多元化服务体系还不完善，需要切实建设好农业技术推广、动植物疫病防控、农产品质量安全、农资、农机等服务体系建设。目前，北京的节水农业发展的国际合作交流有待加强，需要不断深化国际交流与合作，提升农业的开放性水平，积极参与国际竞争，打造形成首都特色的农业国际品牌。另外，对比纽约、巴黎等世界城市，北京节水农业的生态价值和对宜居城市建设的保障作用还有潜力可挖。

3. 节水理念落后，节水行动动力不足

北京的节水农业发展存在着问题之一是缺乏对节水主体的培育和责任机制的构建。长期以来，部分北京农业节水工程建设和节水技术推广往往以地域为单位，缺乏对规模化生产经营的园区、大户、协会、合作社等关键农业节水主体的关注和培育，从而使得部分区域的农业节水缺乏明确的实施主体，导致节水项目建设与用水户责任分离，不易调动用水户使用设施、维护设施、节约用水的积极性。

（1）农业节水理念尚未深入人心

少数工作人员和部分群众对农业节水灌溉认识不足，部分农村用水户乃至农村工作人员缺乏水危机意识，节水意识不强，节水技术知识掌握不足。很多农户受传统意识影响，尚未形成科学节水的理念和意识，水商品观念尚未得到普及和认可。由于对水资源重要性认识不够，导致农民对农业节水灌溉的建设也不够重视。部分区域的农村现有节水政策中缺乏必要的节水奖励或惩罚措施，导致农民节水积极性不高。

（2）农业用水户节水行动不足

2004 年《北京市实施〈水法〉办法》第四十五条明确

提出，"单位和个人有节约用水义务"，但是由于长期以来农村节水主体以政府为主导，居民节水的义务和责任难以得到有效的监督和落实，很多居民不了解节水的具体方法和策略，难以将节水理念付诸行动。实践中，很多农民对节水灌溉、园艺节水技术了解不多，往往并不会为了节水而改进耕作、灌溉和管理技术，在农业生产中自觉的节水行动较为少见。

（3）农村居民素质影响节水理念和技术推广

从北京农民收入与城镇居民收入增长对比可以看出，北京的农业相关产业没有吸引高素质劳动力的绝对优势。

据住户收支与生活状况调查资料显示，2014 年 1—7 月，京郊农村家庭经营收入中，人均第一产业经营现金收入仅 475 元，而人均第三产业现金收入达到 980 元，从数据可以看出，从事第三产业人均收入明显高于从事第一产业收入。

这必然导致愿意从事农业生产的农村劳动力越来越少，促使高技能、高学历和高素质劳动力都流向了其他产业，第一产业难以吸纳高素质人才，农民素质仍相对较低。而节水农业本身有着技术依赖性的特点，劳动者自身素质对于技术的领悟和理解以及节水的觉悟有很大的影响。

4. 农户主动参与动力不足，节水监管存在困难

从北京当前农业节水发展实际情况看，部分节水技术措施在投入产出方面的表现都不是太好，很难调动用水者采用这些节水技术措施的积极性，节水监管也存在着一定的困难。具体原因包括以下几个方面。

（1）节水经济效益未充分体现，未能充分调动农户积极性

北京节水农业发展未能充分调动农户积极性的一个重要原因，包括节水技术本身的原因，也有节水管理方法和政策方面的原因，也有区域经济发展的原因，主要包括如下几点。

由于节水经济效益不好，未能充分调动农户推广和使用节水技术的积极性，形成了许多地区农业节水发展主要依靠国家投资和行政驱动的局面，这样一定程度上难以保证农业节水能够持续稳定发展。

部分的农村灌溉用水实际上仅仅缴纳灌溉用电的费用。由于农村用电价格并不高，部分用水户并不把所谓的"水费"计入生产成本。

节水技术投入、运行成本与节水收益有待匹配。目前，农业节水技术研发、推广的主导者是政府。在推广过程中，农业节水技术推广过程中，存在着重设施建设、轻使用和维

护服务，使得部分节水设施难以达到理想的节水效果。

节水活动投入主体和受益主体有一定错位。从目前情况来看，节水农业的投入主体以政府为主导，而就受益主体而言，尽管长远来看受益主体是全区域所有主体，但最直接的受益主体是农村用水户。由于投入主体与受益主体不一致，导致部分农业用水户缺乏必要的责任感，节水意识不强。今后需要结合农业节水的实施措施，开展广泛的政策研究，理顺农业节水实践中各类主体的关系，探索农业节水的市场化机制和模式。

参与性的节水宣传是提升农村居民节水意识、增加节水知识、引导节水行动的重要途径，但目前为止，农村节水宣传和节水服务还有待加强，更加高效的节水技术推广措施远未形成，更加针对性的节水技术研发与推广实践难以有效开展，需要探寻更加有效的宣传模式和方式。

（2）农业用水计量与监测尚存在实际困难

用水计量与监测是农村推行节水实践的基础。对农村各类用水户灌溉用水、分散供水的计量是实施最严格用水管理制度的前提，用水计量与水务信息化管理相结合是发展方向。但是，根据实地调研情况，郊区用水计量尚未全部覆盖，有些区县距离全部用水计量化的目标还存在差距。由于用水尚未实现计量化，开展有效用水管理也就无法实现，是当前部分郊区用水严格管理制度难以有效实施的重要原因。

目前，北京农村节水监测管理仍然存在诸多困难。以机井计量工作为例，由于各种原因，很多农村机井尚未安装计量设施。如某区全区机井15 000多眼，分为农业、生活、工业等不同用途，全部纳入水务部门管理事实上存在一定的困难。一方面，区财政难以承受机井水表初始安装费用和后续维护费用（全部安装远程水表需要近2 000万元，后续管理费用也很可观）。另一方面，有的机井并不具备安装条件，全部计量化存在一定的困难。从实际情况看，部分用水户并没有安装水表的积极性，部分用水户认为安装水表将来可成为收取水费的依据，甚至存在人为破坏水表的事情。

第五章 促进北京都市型节水农业发展的对策建议

北京都市型节水农业的发展，不仅仅是个简单的农业问题或农村问题，还是个更为复杂的社会问题，需要跳出农业，从更高的战略高度来看待北京都市型节水农业的发展，从复杂的系统工程的角度审视和规划北京都市型节水农业的发展。

针对当前节水农业实践中存在的行政管理手段主导、市场化经济手段较弱、节水法规和措施较不完善、精细化管理水平需要提高、用水主体节水意识相对薄弱及践行不足等问题，北京需要从社会产业转型和农业结构调整、政府和市场机制协同、管理和法规制度体系完善、进一步强化节水技术支撑和节水文化建设等方面，分阶段、分层次，系统全面地推进节水农业的发展。

一、调整农村产业结构，释放农村节水潜能

北京都市型节水农业发展，一方面需要不断创新和发展节水技术，从技术层面节水；另一方面需要通过农村和农业产业结构调整，释放农村节水潜能。农村和农业产业结构的调整，不但可以促进郊区人口疏解，还有利于郊区农村用水总量规模控制，降低郊区农村供水压力，为保障北京都市型节水农业的发展提供有力的产业支撑。

1. 调整农村产业发展，优化农业用水结构

为实现 2020 年农业用水量下降到 5 亿立方米以下的目标，北京必须调整农村产业结构和用水结构，实现农业节水增效。通过产业结构调整和用水结构的调整促进节水农业发展，是北京节水农业未来发展的重点。

为促进节水农业发展，北京应积极调整农业产业结构，提升农业产出效益，发展种业和优质高效畜牧水产业。调整农村产业结构，首先要优化和调整农产品种植结构，科学规划粮食作物和经济作物种植比例，大幅减少粮食作物和一般经济作物的种植，基本稳定蔬菜和设施农业的合理占地规模。通过适当发展雨养旱作农业，合理压缩耗水型作物种植

面积，减少高耗水作物种植、推广节水作物种植、发展集约化养殖业。重点发展高端、高效种植业和畜牧水产养殖以及籽种生产。通过发展高端高效种植业，合理控制畜牧业的总体规模，适当消减低效、低质、小规模畜禽养殖，提升农业经济效益和环境效益。

另外，不断调整农业用水结构，减少地下水开采量，进一步提升再生水灌溉比例。不断重视和强化雨洪、再生水、微咸水等非常规水源灌溉利用技术，对城乡不断增加的再生水进行合理利用。扩大再生水灌溉的空间范围、适用品种和灌溉时间。通过开源实现农业节水，减少农业新水使用量。

2. 促进农业多样发展，提升农业用水效益

关注农业用水的公益性或非商品性，综合评价农业用水效益。立足北京农业发展的特色和优势，将农业的商品生产和非商品生产联合起来，越是临近中心城区和城镇地区的农业生产，越要注重开发农业生产的非商品性特征。将北京的节水农业生产与北京的生态文明建设、美丽乡村建设协同起来，促进农业用水与生态用水相结合，促进农业生产与农民增收相结合，放大农业节水的经济社会综合效益。

促进农业与节水科技相结合，提高农业用水使用率。通过将农业生产与节水科技、节水示范结合起来，提高农业用水效率，大幅提升节水农业生产的产出效益。大力发展高端

高效农业，在不增加原有用水规模基础上，实现农业增效和农民增收。以发展种业为例，种业属于高端农业，北京具有发展种业的科技和服务优势。大力发展农作物籽种产业，可以提升北京农业产出的综合效益。

3. 调控农村人口总量，优化农村人口布局

合理控制农村人口总量，尤其是控制周边省市农村人口向京郊农村的聚集，从而减少农村用水总量。

从人口统计数据来看，20 世纪 80 年代中期以来，北京农村人口呈现出明显的下降趋势，从约 410 万减少到 2013 年的不到 290 万。但 2005 年以来，农村人口除 2010 年呈现小幅减少外，其余年份呈现缓慢上升趋势，并且人口增长远高于全市人口自然增长率，表明郊区农村人口存在明显的增长。

郊区农村人口的不断上升带来居民家庭用水总量的增长，使得郊区农村供水压力增加，还为农村生态保育和郊区城镇化带来消极影响。通过农业及农村产业结构升级、城乡一体化和新型城镇化进程的推进，合理疏解过度拥挤的城郊人口，尤其是城乡接合部和郊区城镇人口，不仅可以结合农业结构调整减少农业用水规模，还可以有效减少郊区周边居民家庭供水的压力，缓解郊区农村用水紧张的局面。

4. 构建生态补偿机制，促进农村经济发展

围绕北京农业节水目标，减小种植业规模，加大退耕还林还草力度，缩减养殖业规模，会造成部分农民失去现有收入来源，带来一定的经济损失。同时，京郊水源地保护或者农村用水限制会影响农村发展。

因此，应关注北京节水农业发展过程中对农户及农村有可能带来的负面影响，明确开展节水补偿机制的重要意义。通过构建生态补偿机制，科学核算受影响村镇或农民的经济损失，并基于此对其进行合理的补偿，包括为农村提供一些新的发展机会，促进农业经济发展和农民增收，消除节水农业发展有可能遇到的阻碍因素，这将有利于推进农村节水实践的发展。

出台相关政策，将节水与农村经济社会发展密切结合起来。一方面，以政府为主导、社会为补充合理补偿农村节水损失。充分利用在一定的时期内通过财政转移支付或全市"节水调节基金"等方式，对相关农民和村镇水务设施建设、节水设施和技术应用、节水服务体系完善等方面所需的资金优先保障。另一方面，鼓励受益于农村节水的企业、社会组织和城市中心区，积极帮扶村镇发展，比如优先吸纳在农业结构调整中失去工作的农民，为农民职业培训提供支持等，促进农村发展的可持续性。

二、完善节水市场机制，强化经济调节手段

当前，以政府和行政手段为主导的节水管理模式已经无法适应新时代下的实践需求。完善节水市场机制，强化经济手段作用，充分利用经济杠杆调动用水主体的节水积极性，是北京都市型节水农业未来发展的必然趋势。

1. 确立市场决定作用，积极培育农村水权市场

深入贯彻落实党的十八大、十八届三中、四中全会精神和习近平总书记重要讲话精神，深入实施《北京市国民经济和社会发展第十三个五年规划》《北京市"十三五"时期城乡一体化发展规划》，坚持"节水优先、空间均衡、系统治理、两手发力"的治水新思路，立足市情水情，因地制宜、分类指导，严格遵循用水总量、南水北调水量分配指标，统筹配置地表水、地下水、外调水等多种水源，协调好生活、生产、生态用水关系，充分利用市场机制促进用水节约。以价格杠杆优化水资源配置和用水结构，实现水资源管理的政府宏观调控与市场机制优化配置相统一，全面提高农业水资源利用效率和综合效益，支撑北京经济社会可持续发展。

加快水权、排污权等交易制度和平台建设。构建集中统

一的水权交易平台，建立健全水权交易程序、交易规则，基于高效、安全的原则，建设全市协调、城乡一体、开放可行的水权交易市场。根据现阶段用水定额实施情况，完善用水单位用水指标数据库，构建以北京市节水管理部门为协调主体的水市场交易平台，出台相应用水指标交易实施细则，规范用水指标供需双方行为，鼓励农村用水指标的市场交易行为。作为全市统一的水权交易服务机构，北京市水权交易平台具体负责为全市和京津冀等省市间水量交易和其他水权交易的平台。结合水权交易平台完善，通过严格落实农业用水计划，鼓励农业节水并将节水量在水权交易平台上进行交易，完善市域范围内不同区之间、京津冀等省际之间水量交易和取水权转让，甚至还可以借鉴发达国家水银行制度，依托全市水权交易平台成立水银行，收储、发售、公开拍卖节约或者富余水量用水指标，为交易双方提供信息、结算等服务。

2. 强化政府管理职责，加强公益用水管理作用

强化政府在水资源管理中的关键指导作用。在科学研究基础上，鼓励再生水和雨洪等非常规水源的利用。积极鼓励和推广再生水灌溉，尤其是提高环境用水中再生水的利用比重。借鉴发达国家雨洪和家庭循环水利用技术和经验，减少京郊农村环境用水和居民家庭用水中的新水用量，提高非常

规水源利用比重。

强化政府对公益性供用水管理的作用，加强农村生产性供水工程建设。借鉴发达国家经验，在供水和节水基础设施建设和运行过程中，遵循公益性原则，即供水征收费用能基本保证水利工程投资的回收和工程运行的维护管理和更新改造。严格落实"从土地出让收益中提取10%用于农田水利建设"的政策要求，做好供、节水基础设施公共投入，同时也要根据实际情况，逐步减少政府财政对基层农业生产性供用水末端设施及其维护的支出，促进农村公益性水利设施运行和维护的可持续性。

3. 鼓励引入社会资金，推进水利设施社会运营

鼓励社会资金参与农村节水设施建设，形成社会化的郊区农村水利设施建设与运行机制。出台相关政策，鼓励企业、社会机构投资农村节水设施，包括大中型雨洪利用工程、中水利用工程等。开展农村水利设施社会化运营试点，通过适当方式向社会融资，保障水务建设资金来源，推进水利设施投融资机制改革，充分利用社会资金开发建设基础设施，完善水务投资回报机制，坚持采用 BT（即建设—移交）、BOT（即建设—运营—转让）、PPP（即政府与民营机构签订长期合作协议，授权民营机构代替政府建设、运营或管理基础设施或其他公共服务设施并向公众提供公共服务）

等模式建设水务基础设施，吸引社会资本和民间资金进入水务领域。开展财政资金购买社会组织提供农田水利维护服务试点工作，探索推进农田水利设施维护的社会化运营和管理。

4. 分类征收水资源费，实现水资源收费常态化

征收水资源费，是北京农业节水制度改革的重要方向。制定合理的阶梯水价体系及可行的水价调整机制，是北京农业节水管理的核心任务（陈贺，杨志锋，2005）。基于北京农村居民实际经济承担能力，针对京郊居民用水和农业用水特点，推进水价改革，研究制定京郊农村分步骤推进水资源收费的可行方案，针对郊区实际，将水资源费征收与一定的奖励和补偿机制相结合，形成水资源费与水价联动机制，打造适用于北京郊区居民生活用水和农业用水的阶梯收费制度。通过建立和实施农业用水收费制度，构建政府与市场机制合力推进农村节水的新格局。

贯彻执行现有的水资源费征收标准。根据国家发改委、财政部和水利部联合发布的《关于水资源费征收标准有关问题的通知》（发改价格〔2013〕29号），各省市根据当地水资源状况、经济发展水平、社会承受能力以及不同产业和行业取用水的差别特点，结合水利工程供水价格、城市供水价格、污水处理费改革进展情况，合理确定每个五年规划本地

区的水资源费征收标准及调整目标，并给出了各省市"十二五"末期以前地下水和地表水水资源平均征收最低标准。其中，至 2015 年，北京地区地表水水资源费不低于 1.6 元/立方米，地下水水资源费不低于 4 元/立方米。北京郊区农村水资源收费标准可以根据农村发展实际研究确定，原则上应该是全市平均不低于国家规定的标准，农村可以酌情降低。

参照城区居民阶梯水价方案，制定北京郊区农村家庭用水制度。制定和落实居民阶梯水价体系是郊区农村供用水管理的基本方向。2014 年年初，国家发改委、住房城乡建设部印发了《关于加快建立完善城镇居民用水阶梯价格制度的指导意见》，要求，在 2015 年年底前，设市城市原则上要全面实行居民阶梯水价制度。2014 年 4—5 月，北京市发改委发布了《北京市居民用水价格调整听证方案》，设计了两套水价改革方案，每套方案均设置了三个水价阶梯。参照城区居民阶梯水价方案，结合郊区实际，在科学研究基础上，形成郊区农村家庭用水水价方案。

制定农村集中供水区水价方案。在相对集中供水的地区，参照全市阶梯水价体系，本着价格适中、生活质量提升与节约用水原则，既能保证居民家庭正常用水，又能有效激励用水节约或杜绝浪费，通过广泛的参与和宣传，制定适宜的阶梯水价方案。基础水价应该包括水资源费、供水工程成本，以及通过一定方法核算的环境成本，核算环境成本是制定阶梯水价的重要依据。根据一些发达国家的经验，水价制定的基本原则是不盈利，但要保证水利工程投资的回收和工程运行维护管理、更新改造所需的支出①。就北京市郊区而言，居民用水基础水价的确定应该充分考虑用水的环境成本，供水工程成本应该本着不盈利或者微利运营的原则来确定，并形成水价与水资源费联动的机制，完善水价形成机制（表 5-1）。

表 5-1　北京市郊区镇村居民阶梯水价制度的基本框架设想（集中供水）

项目	水价等级	阶梯水价与基础水价的比值	家庭用水量定额确定依据	所覆盖居民家庭比重（％）	基础水价构成
方案一	1	1	在郊区农村家庭用水统计基础上，根据所覆盖家庭比重，考虑到居民生活水平提高的用水需求，困难家庭用水定额划分以 150 立方米/年为限	90	水资源费：目前水资源费 1.26 元。目标是地表水 1.6 元/立方米，地下水水资源费不低于 4 元/立方米；供水工程成本：目前是 1.7 元左右，根据居民收入水平有所提高
方案一	2	1.4		6	
方案一	3	1.8		4	
方案一	低收入困难家庭	0		—	
方案一	低收入困难家庭	1		—	
方案二	1	1		85	
方案二	2	1.4		11	
方案二	3	1.8		4	
方案二	低收入困难家庭	0.3~0.4		—	
方案二	低收入困难家庭	1		—	

---

① 根据国务院对《21 世纪初期首都水资源可持续利用规划》的批复意见，提出通过征收水资源费，逐年提高供水水价，促进节约用水，使供水企业、污水处理企业实现微利运行。根据北京市主要供水企业财务审计情况，2012 年，市自来水集团业务收入 18.95 亿元，业务成本 26.47 亿元，亏损 7.52 亿元；2012 年市排水集团业务收入 11.88 亿元，业务成本 15.53 亿元，亏损 3.7 亿元（自：北京市居民用水价格调整听证方案，2014.4.2. http://society. people. com. cn/n/2014/0402/c1008-24807955. html）。

制定郊区农村分散供水水价方案。郊区很多农村地区供用水采取的是以村为单位的分散供水方式，针对分散供水的区域，主要采取"一事一议"的方式，结合水资源费、分散供水的工程成本和治污成本，形成合理的阶梯水价制度和节约用水奖励制度，具体参见表5-2。

表5-2　北京市郊区镇村居民阶梯水价制度的基本框架设想（分散供水）

水价等级	阶梯水价与基础水价的比值	家庭用水水量定额确立依据	所覆盖居民家庭比重（%）	基础水价构成
1	1	根据郊区居民平均用水量，考虑到居民用水需求增长，具有动态调整机制	80	水资源费；供水工程成本；不完全环境成本
2	1.4		15	
3	1.8		5	
低收入困难家庭	0	≤1 505 立方米/年	—	
	1	>1 505 立方米/年		

5. 建立节水奖励制度，完善农业用水水价体系

在当前的阶梯水价基础上，建立农村用水节水奖励机制。借鉴以色列用水定价机制经验，对于用水总量在定额以内的用水量，采用折扣方式收费，建议居民用水在定额50%以内的只需缴纳50%的水费；居民用水在定额以内的只需缴纳80%的水费；居民用水超过定额，需要根据超出比例，按照阶梯水价交纳更高的水费。如表5-3所示，对于家庭实际用水量在用水定额以内的进行奖励，如实际用水量在家庭用

水定额 50% 以内的缴纳水价的 50%，实际用水量不超过用水定额的缴纳水价的 80%（表 5-3）。

表 5-3　北京市郊区农村家庭用水奖励方案构想

等级	实际用水量占用水定额的比重	缴纳水费
1	≤50%	50%
2	50% ~ 100%	80%
3	>100%	阶梯水价倍数

远期形成合理的分质供水体系。按照不同的标准分质供水，新水高价，再生水低价。对现行的再生水水价进行综合评价，对非食用农产品生产等适宜使用再生水的农业活动，鼓励扩大再生水使用比例。结合水价制度完善，试点分质供水机制，形成再生水使用鼓励政策。根据集中供水、小区供水等不同模式，分别定价，在条件较好的村镇开展试点。对于适合使用再生水的用户，根据再生水使用比例和总量，政府给予一定鼓励或者奖励，具体如表 5-4 所示。

表 5-4　北京市郊区农村分质供水架构设想

水质	水价制度	管理措施
新水	正常水价	实行总量控制：从宏观到中观层面，按区域、行业进行严格的总量控制
		定额管理：从微观层面，对不同的用水单位/户分配用水额度
		水权管理：结合总量控制和定额管理，确定不同区域的不同用水单位水权及具体协调措施，符合条件的水权可以进行交易或者有价转让

（续表）

水质	水价制度	管理措施
再生水	鼓励水价	形成基于再生水供水量的分配机制：根据每年再生水的供应量，对可供区域进行定额分配 建立奖励机制：例如再生水利用与相关产业鼓励政策相关联

6. 改革基层水务管理，推行设施管理体制改革

在国家相关法规框架内，北京市可以在井灌区试点农民用水合作组织经营管理农村小型水利设施，进一步落实国家水利工程设施管理体制改革的相关文件，并结合试点不断完善农村小型水利设施管理体制改革的相关配套措施，落实农民用水合作组织对农村小型水利工程的运营和管理权，为农民用水合作组织开展相关改革提供政策支持。但需要注意的是，农村水利设施产权制度改革不是单纯的"市场化"，关键是对农村水资源及其相关的水利设施产权进行明确。适宜进行市场化或民营化的改革的小农水利设施，是那些小型、对于周边人群具有排他性使用特征、利用成本较为低廉、产权可以一并进行清晰界定的农村小型水利设施。对于北京市郊区农村而言，小型农村水利设施及水资源节约高效利用的关键不是市场化，而是用水户通过良好的组织实行自主管理为主的参与式管理模式，提高农村小型水利设施的利用效率和维护服务水平。此外，进一步落实政府购买水务公共服务

政策，完善相关配套措施，为农民用水合作组织获取政府资金支撑提供政策依据。

三、落实节水法规政策，提升管理服务水平

当前，京郊农业节水的实践与管理仍是以政府为主导，在农业节水管理方面，存在着计量管理不到位、水利设施运营管理不善、社会参与度不高、条块管理分割等问题。北京应从节水法规政策完善与实施、构建高效节水管理机制等方面着力着手，争取实现农业用水"总量控制，定额管理"，走科学、合理的节水农业管理之路。

1. 研究制定节水性法律，完善节水法律法规体系

完善北京节水法规政策和管理体系，颁布地方性节水法。借鉴发达国家的经验，在《北京市节水规划》《北京市节水办法》的基础上，颁布地方性节水法。以《北京市节水法》为统领，完善节水法规体系，理顺农村节水管理的体制机制。

结合农村节水新形势，颁布农村用水管理实施办法。以节水为核心，明确全市农村供用水管理的目标和方向，形成较为完善的农村水务管理框架。明晰郊区农村用水管理的阶

段性策略和措施，扎实做好水务管理的基础性工作，明确务实推行合理收费制度的路线图。出台节水灌溉一次性膜、带回收的具体管理办法和措施，规范管理一次性节水灌溉设备的使用与回收。

严格实施已有的供水和节水规程。严格实施《设施农业节水灌溉技术规程》（DB11/T 557—2008）、《低压管道输水灌溉工程运行管理规程》（DB11/T 556—2008）、《节水灌溉施工质量验收标准》（DB11/T 558—2008）、《节水灌溉工程自动控制系统设计规范》（DB 11/T 722—2010）等地方标准，规范北京农业节水灌溉工程建设管理。各区县根据农业生产实际，建立适于农业高效用水的管理体系和水的监测评价指标体系，针对农民生产需要编写"高效节水灌溉指南"，指导农民科学灌溉，节约用水。

研究编制北京市节水村镇地方标准。依据《北京市节约用水办法》和《北京市农业用水水资源费管理暂行办法》，结合村镇节水管理需要，结合节水示范村镇建设，研究制定节水型小城镇或者节水村地方标准，探索在村镇实施最严格水资源管理制度的途径与方式，制定与实施村镇节水标准，制定与实施有效的节水奖励措施。并选择条件较好的小城镇和行政村，开展相关的试点和示范。

明确镇村农业节水具体指标，包括节水器具的使用、水务基础设施建设水平、居民的节水意识水平、不同农业用水的利用效率、水循环利用率、水务服务人员配置、节水文化建设、节水管理配套措施制定与实施等，对居民家庭生活、农业生产节水行为等进行规范，以更好地指导镇村节水管理行为。

2. 加强部门间的协调配合，建立社会化管理机制

加强部门间协调配合，打造面向节水管理需求、各部门联动的协同管理体系。目前，北京节水管理机构是水务行政管理部门（北京市节水办公室），节水管理职能虽然集中在水务部门，但却涉及到发改、水利、农机、农业等不同部门，协调难度大。但由于其挂设在水务管理部门，难以协调与节水相关的管理部门，建议强化北京市节水管理部门的协调职能，以集中管理全市的节水工作，负责节水工作的宏观政策及综合协调和计划、资金的管理。同时建议水务管理部门与地方政府之间形成更为有效的协调机制，从层级来说包括"城—乡"和"区县—乡镇"协调机制，从空间来说包括行政区与流域管理的协调，从条块来说包括水务部门与地方政府的协调机制。

积极培育农村水务社会化服务体系。基于整体性管治视野，打破目前政府主导的节水实践模式，充分发挥水务服务相关的企业、社会组织、村自治组织与用水协会的积极作用，在农业或非农业生产活动、居民生活等各方面提供高质

量的节水知识、技能、咨询等社会化服务。

3. 强化水资源约束管制，深化落实监控管理政策

强化水资源对全市可持续发展的基础性约束。根据《北京市节约用水办法》，编制区域发展规划、新城和重点发展区规划时，必须进行水资源论证。建议将水资源的约束性不仅体现在北京城市总体规划以及各种专项规划中，而且体现在各种经济开发活动之中，让水资源的约束性成为北京市经济、社会发展的基本要素。

强化区县层面对水资源管理制度的深化实施。各区县可以根据发展实际，对小城镇规划和建设进行水资源评价，限制高耗水产业发展和景观项目建设。对于坐落于本区域的重大建设项目，要对其水资源保障的可行性、项目建设对区域环境的长期影响以及对全市水资源安全的影响进行科学评估。对于新建、改扩建项目，严格落实建设项目节水设施与主体工程同时设计、同时施工、同时投入使用的"三同时"制度。

从大区域尺度强化地下水资源利用的监控管理。地下水是北京市的主要水源，长期以来对地下水的过度开采已经造成了严重的环境后果，但当前对地下水的管理主要关注地下水的埋深和水质，对地下水的汲取和环境管理相对薄弱。建议水务部门协同国土、发改委等部门，制定相关规划，根据

不同流域的地质环境条件，细化近期和远期地下水资源汲取、回灌、水质保护等管理目标和标准。

4. 发挥节水关键主体作用，推行落实节水责任制

深化实施《国家农业节水纲要（2012—2020年）》，使之成为北京市郊区农业节水的基本指导框架。在此基础上，明确北京农业节水的关键主体、重点与目标。结合农业结构调整方向，出台并有效实施高效节水灌溉规划。

考虑实施节水责任制。市水行政主管部门会同市有关部门，对区县水资源保护、节约用水、污水治理和出境断面水质等主要指标的落实情况进行考核，考核结果作为区县政府主要领导干部综合考核评价的依据。严格实施村镇用水和节水管理责任制，由各区县政府根据水资源高效节约利用情况对乡镇基层管理部门的主要领导进行考核。

基于区域与行业相结合的用水总量控制，需要结合村镇用水需求进行创新。郊区用水总量控制的重点是农业生产用水定额管理，尤其是合理确定不同情况下的灌溉用水定额。在水务部门和节水部门的协调下，结合行政区域和行业用水总量控制手段，按照生活用水适度增长、环境用水控制增长、工业用新水零增长、农业用新水负增长的基本要求，确立用水总量控制红线，严格实行行业用水定额管理、区域用水总量控制。从空间上来说，根据区域功能定位和产业发展

需求，合理配置不同功能区和区县的用水总量。从行业来说，严格控制重点行业用水总量，对已经超过用水总量指标的行业，严禁增加用水指标。将区域用水总量和行业用水定额进行逐级分解，建立覆盖全市的区域用水总量控制指标体系。针对镇村供用水实际，结合用水计量工作的扎实推进，严格居民和农业用水计量。目前，郊区农村用水已经实行定额管理，进一步做好区县和乡镇用水指标的细化，实行严格的计划用水。

5. 提高农业用水效率，提升区镇村节水管理水平

通过"区县—乡镇"两级节水管理体系，形成严格的用水效率红线控制。市水行政主管部门将用水效率控制指标分解到各区县，各区县负责组织落实。郊区县根据发展实际，确定辖区内农村不同行业的水耗标准、农业用新水量下降率，以此作为区县用水效率控制红线指标。各区县根据全市行业用水效率控制标准，限制高耗水工业项目建设和高耗水服务行业发展。各乡镇根据区县设定的用水效率标准，指导农业和用水大户进行用水效率控制。

研究出台北京市村级供用水管理细则。结合郊区发展需求和村级供用水管理存在的问题，强化村级供水管理，保障村民用水安全，明确水资源对产业发展的刚性约束条件，细化农村地区水资源费和水费征收的具体措施。在认真总结多

村集中供水经验的基础上，积极推广相对集中供水的做法，完善管水员制度，加强机井管理。

严格村镇水费征收管理。在全市统一管理下，各区县可根据实际情况，充分发挥农民用水协会和村组织的作用，通过公众参与村镇节水管理，提升公众的节水意识，养成节水习惯并付诸于行动。明确规定村镇居民家庭和农业用水收费的机构及其职责，充分利用市场机制适度推广公司化运营，形成有效的考核制度和竞争机制。制定合理的收费和节水工作规范，严格收费管理。

强化镇村节水管理。一是深化循环水务村或者节水村建设。基于"计量收费、节水高效、雨洪管理、中水回用"的要求，认定循环水务村或者节水村，对于已经认定的循环水务村或者节水村进行一定的奖励并形成定期考核制度，"能上能下"。二是探索农村用水收费制度的可行路径。在区县层面形成符合实际的农村用水收费办法，通过以村为单位的"一事一议"方式，形成个性化的收费方案，形成利用价格杠杆推进农村节水的良性机制。三是强化水消费大户管理。对年用水量超过1万立方米、年产值超过100万元的各类农业用水大户/企业，包括涉及的农庄、农园、农景等各类用水户，以区县为单位进行登记和管理，探索实行严格用水管理的方法。根据农村用水大户的生产规模确定其年用水总量，超额用水要征收高额水费，对于采用节水技术或方法而实现用水节约的，根据节水程度给予一定的奖励和鼓励，并形成可供推广的政策措施。考核用水大户的农业万元增加值用水效率，并根据实际情况为其提供个性化的服务。四是加强民俗旅游村用水管理。在完善用水计量的基础上，根据经营户的规模和产值等确定用水总额，或者制定用水效率指标，由地方节水管理部门进行用水效率考核，对于实现大幅度节水的经营户进行适度的奖励，而对于超额用水的经营户进行严格的跟踪监管，并根据超额用水的总量适度提高水价。

强化乡镇和流域节水服务机构建设。针对水资源高效和节约利用，建立节水的社会化分工管理体系。结合郊区各类节水工程，构建高效的农业节水管理模式，将政府监管和业主管理结合起来，政府对所辖区域内的农业、生活、环境等各项用水的总量、用水效率以及各类水利工程设施的运行状况等进行监管，同时充分发挥各类农业产业化园区管理单位、村集体、农村各类专业合作组织的积极性，明确产权和管护责任。

6. 完善节水保障机制，加强基层节水信息化管理

充分了解农业用水规模、结构和空间分布，完善节水保障机制，做好节水管理的基础性工作。鉴于农村节水科学管理的数据需求，建立和完善全市，尤其是郊区农村用水的计

量设施建设，进一步完善农业与农村用水计量体系，加强基层节水信息化管理。首先，结合水务管理信息化工作，对全市农村农业机井和地表水灌区的用水计量设施进行更新，对各类农业用水量进行统计和上报。其次，结合农村农民用水协会和农村管水员管理，细化农村管水员对用水量进行统计上报的工作职责，强化工作监管，夯实农业用水量统计的基础。再次，结合各区县用水总量控制，对农业用水量尤其是新水用量进行严格控制和统计。

7. 加强管水员队伍建设，完善用水合作组织管理

逐步改变传统的政府主导一切节水管理事务的工作方式，引导和鼓励农村用水户主动参与水务管理的意识和能力，监督和引导农民用水合作组织规范自身建设，完善运行保障，提升其履行基层水务管理公益性职能的能力。

结合基层农村水务改革，逐步完善流域（乡镇）、村农民用水合作组织建设。明确各级政府、农民用水合作组织、村两委之间的职能分工，区政府负责实施国家和北京市制定相关的水资源管理法规、政策，因地制宜出台具体的实施措施，乡镇政府与水务行政部门协调开展农村节水管理，引导农民用水合作组织依法依规开展节水管理的日常工作。

结合农民用水协会或者合作社改革，进一步完善农村管水员制度。借鉴顺义、房山等区开展农村管水员制度改革的

经验，各区根据实际条件和现实需要，开展片区专职管水员和村兼职管水员相结合的试点探索，结合国家相关法律不断完善现有的聘用管理制度。有条件的乡镇和村，可以设置专职管水员，负责农村供用水、节水管理等基层镇村水务管理和服务工作，强化农业节水管理。

进一步完善农民用水合作组织发展的相关法规。根据国家已经出台的关于水利工程管理改革的相关文件、法规，以及北京市基层水务管理相关政策，结合北京市郊区发展和基层水务管理实际，出台北京市农民用水合作组织相关的地方法规，明确农民用水合作组织的性质、地位、具体职能和工作职责、组建程序、组织架构、运行机制、资金保障、工程产权、政策优惠等，明晰农村管水员的职业性质和相关法律关系，让农民用水合作组织发展和管水员队伍建设有法可依。

充分发挥农民用水合作组织作为农村基层水务管理的必要辅助和补充作用，明晰农民用水合作组织（包括农民用水协会与农民用水合作社等）的公益性职能，并在此基础上不断拓展其社会化和专业化农村水务服务职能。将农民用水合作组织建设作为农村基层治理能力提升的重要抓手，并结合京郊农村基层治理的服务化、自主化、法制化和多元互动方向转型，推动农民用水协会或合作社的自主管理。根据发达国家的经验和京郊农村发展实际，通过广泛的宣传提高用水户参与管理的积极性，形成多样化的农村用水户参与途径；在此基础上逐渐弱化政府的强制作用，强化村自治组织的积极作用，完善农民用水协会或合作社的组织和制度建设，提升自主管理能力；基于违约程度与制裁惩戒相一致的原则，形成农村用水户认可的奖惩措施。

逐步完善农村管水员制度，推动农村管水员队伍规范化建设。明晰农村管水员的职业性质和相关法律关系，使农民用水合作组织发展和管水员队伍建设有法可依。农村管水员事实上有专职和兼职之分，明确农民用水合作组织与专职管水员间的劳动关系，签订劳动合同，建立规范的考勤制度，对农村专职管水员的工作进行考核评价。农民用水合作组织与兼职管水员形成劳务关系，可以签订劳务协议或者管护协议，采用更加灵活的方式进行考核和发放劳务报酬。

四、加强节水技术创新，完善技术支撑体系

充分发挥北京的科技与人才资源优势，结合农业节水发展的现实需求，面向节水效率提升，加强农业节水共性关键技术研发与创新，研发一批具有广泛应用价值的农业节水集成技术以及具有推广价值的节水器具，并形成一系列相关的应用技术规范。

1. 加强节水技术集成创新，强化节水技术成果推广

加强农业节水技术集成创新。针对农业结构调整后的节水技术需求，针对大田作物、设施农业、旱作农业等不同类型的农业生产，综合利用高效节水作物品种、节水农艺技术、高效节水灌溉技术、节水型规模化养殖技术以及节水树种的选择和栽培等，并对这些技术进行研发、集成和科学推广。针对北京不同空间尺度的区域（如城区、区县或村镇）以及不同定位的功能区域类型（如农业区、工业区、工业开发区、生活社区等），开展水资源安全保障和节水关键环节和有效途径的差异性研究。以农业节水为关键，打造以节水为核心的农业技术体系和农村节水技术服务体系，加强水务科技支撑综合体系建设。

加强节水农业新品种培育。充分利用北京现有的种业研发资源与技术优势，选育适合京郊生长环境的蔬菜、果蔬、粮食、经济作物等各种抗旱节水品种，充分发挥郊区在品种选育方面的合作优势，提供品种试验农田和服务。鼓励郊区农户扩大种植适宜的旱作品种。

积极开展综合节水技术应用的试验与推广。开展高效节水农业示范园区和产业园区建设。依托节水示范区，大力推广应用城市应急水源地节水灌溉、高标准基本农田高效节水灌溉、都市型现代农业高效节水灌溉技术。将工程节水、农

艺节水和管理节水相结合，针对设施农业、休闲农业等不同都市农业类型，形成综合节水技术及应用典范、规程与措施，成熟以后在全市推广。结合农业节水技术集成，针对大田作物种植、果蔬种植、设施农业生产，以及畜禽和水产养殖业发展，建设不同类型高效节水农业园区，示范全国并进行科学推广。结合北京市郊区产业园区发展，将农村节水与产业园区节水结合起来，对入区企业用水进行科学监控，在园区推广成熟的节水系统建设和有效的节水管理规范。在园区内提高工业用水重复利用率，规范雨洪蓄水工程和雨水利用工程建设，并将农村与园区污水治理、中水回用结合起来，减少新水用量和比重。

加强节水技术服务。转变原来重视设施安装配套、轻视技术服务的现状，面向节水技术入村入户，充分发挥水务、农业、园林绿化等部门科研及技术推广机构的人才、技术资源优势，采取组建联合技术团队指导或分片负责全方位技术指导等形式，强化对用水户耕种、灌溉和设施运行维护、产前产中产后新技术推广、科研示范的服务。给予为基层提供节水技术服务的机构和单位以扶持和奖励，如，区县可以安排相关专项资金，支持对口科研和教学机构、乡镇水务站、农民用水协会、灌溉设施运营服务单位等开展农业高效节水灌溉技术推广，以及为居民提供节约用水指导和服务。

加强雨洪蓄滞利用技术的推广利用。对于小城镇的新建、改建、扩建等建设项目，按照《北京市节约用水办法》的有关规定配套建设雨水收集利用设施，鼓励已建成的工程项目补建雨水收集利用设施，鼓励农村地区单位和个人因地制宜建设雨水收集利用设施。同时，政府应该鼓励和支持对成熟雨洪蓄滞利用节水技术和产品的推广应用。

2. 加强节水适用技术研发，推进生态循环农业发展

结合"3S"技术（遥感技术、地理信息系统和全球定位系统）的应用，加强精准灌溉技术的研发。根据不同作物及其不同生长期的需水要求，适时、适量地给予灌溉，有效调控土壤水分，既做到高效用水，又可以提升作物的产量和品质。同时，细化家庭农场、大规模种养殖业等不同农业经营方式的节水适用技术。推广和应用土壤水分监测技术，实行有限灌溉和精准灌溉制度，按作物需水规律，运用信息化技术，制定作物水分亏缺指标，实行科学灌溉。

发展生态和循环农业是北京市都市型农业发展的重要内容和方向，发展生态农业是探索协调农村经济与生态环境保护的重要途径。将北京的都市型节水农业的发展与农村的物质、能源的良性循环结合起来，实现低投入、低排放和高产出的有机统一。在提升农产品品质和效益的基础上，减少化

肥、农药的使用，提升农田秸秆的资源化利用率和水资源利用效率。根据发展条件和劳动力条件，适度发展符合生态农业的混合农业生产，例如，可将林果种植和林下养殖结合起来发展。加大薄膜地力影响的观测研究，研究、生产、推广一次性滴灌带的替代品，减少覆膜，推广节约型、环保型的滴灌技术。强化生态农业和循环农业相关适用技术及相关规程、标准的研发。

3. 提高农业信息化水平，提升农村水务科技支撑力

提高精细化节水管理水平。坚决落实量水发展理念，严守水务"三条红线"管理原则，即总量控制、最严格水资源管理、"三要水"等落实到中微观层面，对于节水的关键技术和管理问题进行深入探讨，推进科研成果转化，为水资源优化配置和高效利用提供支持。

强化利用信息化技术促进精细化水务管理。建立郊区水务管理信息系统，在全市、区县层面形成多水源联合调度系统、在线监测输配水系统、供水系统和排水系统等互联互通的管理系统，实现水资源管理的精确控制，并基于信息化管理手段严格农业用水总量和用水效率控制。重点包括：一是实现全市3万多眼机井的用水计量和严格管理，二是建立郊区用水大户用水实施监控和服务平台，根据墒情、雨情、气象预报为农业用水大户提供用水信息服务。三是强化再生水

灌溉监测和服务，根据作物生长期和需水情况提供灌溉指导。

建立用水单位违法违规行为信息记录，及时公开发布用水单位用水和节水相关信息。将用水单位的违法违规用水行为信息纳入全市企业信用信息系统，对严重浪费用水的企业还可以通过媒体予以公布。

完善水资源调度方案和应急调度预案。加强涵盖地表水和地下水的水文水资源监测网络建设，完善水务运行调度和监测评价体系。在供水紧急状态下，分区分类采取限制用水措施。

五、加大节水宣传力度，打造节水文化氛围

节水文化建设是都市型节水农业实践的上层建筑。节水文化包括节水的社会意识形态以及与之相适应的政治、社会组织、社会制度、风俗习惯、道德、法律政策、学术思想、宗教信仰、文学艺术等，具有显著的地域特点（节高辉，屈艳萍，2012）。节水文化的实质及核心是促进民众形成节水观念，自发养成节水习惯，打造社会节水环境氛围。节水文化是节水行动的内在动力，也是践行水资源可持续利用战略的重要途径（许其宽，徐斌，2009）。

1. 树立水危机意识，引导民众自发自觉节水

加强节水宣传力度，提高民众节水意识。节水文化建设的关键是形成节水的社会氛围和时尚，使身处其中的每个人自然而然受到熏陶和影响，最终促使节约用水成为一种无意识的自觉行为。北京郊区农村节水文化建设包括两个方面，既包括与地域无关的一般性节水意识、理念培养，也包括与地域相关的节水制度、文化氛围的构建。结合京郊文化和水事活动实际，融合传统文化中人、水和谐理念，构建具有北京特色的节水思想体系，形成与北京水资源高效节约利用相关的正确意识。弘扬节水文化和形成有效的公众参与体制，是向观念要水的根本保障。

加大水商品观念宣传力度，帮助不同人群树立水资源危机意识和节水意识，包括强化水资源忧患意识、水资源保护意识、爱水惜水和节约用水意识。对于农民、小城镇居民、管理人员等树立"节水光荣""浪费可耻""节约用水人人有责"的观念。通过电视、广播、平面广告等多种媒体，广泛宣传城市缺水、农村节水紧迫性和个人行动的重要性，通过媒体宣传推广"节水是时尚"、节约用水是勇于承担社会责任、对后世子孙负责的象征，也是体现一个人文明程度和素质高低的标志。

加强节水道德文化建设，营造良好的社会舆论氛围。结

合郊区镇村发展实际，将节约用水作为每个居民基本道德修养的一个重要方面，并通过媒体和公众监督，褒扬和奖励节水行为、节水模范，针砭和惩罚浪费行为、浪费典型，以此形成人人节约用水、以节水为荣的良好社会氛围。

加强节水制度文化建设。结合最严格用水管理的制度框架和机制，围绕镇村居民家庭节水和农业节水，将节水相关法规、措施与节水文化建设联系起来，将节水融入乡规民俗，形成良好的节水制度环境，以规范人们的工作和生活行为，用制度形式确立以供水能力定经济规模和结构的发展范式，确立人水和谐、人人节约用水的生活方式和消费范式。

2. 融合创意文化，创新节水宣传途径与方法

结合创意文化，向民众推广科学节水的方法。结合京郊镇村居民用水和农业用水的特点和实际，创新表现形式，通过有趣的方式为居民提供生活节水的小窍门。例如，对于居民而言，家庭盆栽和绿化可以多选一些耐寒品种的植物和花卉，灌溉时间选择在晚上以减少水分蒸发；养成家庭废水回用习惯，利用洗衣、淘米等废水冲洗马桶；注意洗浴、洗衣节水等等。强调不同领域和人群在节水型社会建设中的重要作用，并针对居民生活、生产和工作的节水需要，详细列出不同人群可以遵守的具体而可行的节水行为规范，让不同

146

阶层、背景和职业的人群，都能够较好地参与节水实践。

创新农村居民参与方式，鼓励公众积极参与节水行动。一是从细微处明确节水的目标，如编制"居民生活节水指南"，针对居民生活做到"小流量洗漱、洗碗""随手关好水龙头""每天节约 10 升水""每天做到循环利用 10 升水"等。二是养成节水习惯，有调查研究表明，在节水实践中，长期形成的节水习惯最为重要。在村、小城镇积极倡导"节约用水，从我做起，从现在做起"，引导人们在生活和生产中践行节水行为规范，并养成自觉节水的行为习惯。充分利用郊区的节水管理和服务机构，以管水员队伍为依托，发挥节水宣传员的带动作用，鼓励居民自觉参与节水宣传和行动。

创新宣传方式，鼓励公众积极参与节水型社会建设。首先，增强郊区居民参与政府节水管理和行动的意识，改变对社会活动冷漠的传统意识，形成"我想参与、我要参与、我有权参与、我有义务参与"的观念。公众参与各类水事活动可以有多种方式，包括直接参与，通过村民组织、农户组织、行业协会等参与。其次，制定节水村镇建设的参与制度，一般以村为单位，形成居民参与水价制定的民主机制，节水大事必议、一事一议。再次，让参与的村民成为节水宣传员，不仅促进村镇用水措施制定的开放性和透明性，还可以增强居民的自觉履行意识。

参考文献

北京市农业局.2016-02-04.北京市2015年农业节水取得成效［EB/OL］.http://www.bjny.gov.cn/nyj/232120/233040/5727298/index.html.

蔡敏.2014-08-27.我国节水灌溉工程面积仅占有效灌溉面积一半［EB/OL］.新华网.

操秀英.2015-06-01.北京农科城服务引领全国现代农业创新发展贡献率达70%［N］.科技日报.

陈贺,杨志锋.2005.基于效用函数的阶梯式自来水水价模型［J］.资源科学,28（1）:109-111.

程明,安顺伟,孟范玉.2015-01-28.技术节水"撬动"现代农业升级节点［N］.农民日报.

丁民.2007.对农业水资源费和税费问题的思考和建议［J］.中国水利（4）:47-48.

董克宝,何俊仕.2007.浅析现代节水农业［J］.安徽农

业科学 （16）：4937-4938.

杜燕.2014-02-13.北京水资源总量 2013 年减少 3 成多 ［EB/OL］.中国新闻网.

高启臣.2015-04-24.北京探索农业节水节肥新路 ［EB/OL］.农博网.

高珊珊.2017-06-14.2020 年北京市农田灌溉用水全收 费 ［N］.京郊日报.

何华,任建明.2004.北京水资源费动态征收模式构建建 议 ［J］.中国水利 （15）：18-19.

何俊仕,曹丽娜,逄立辉,等.2005.现代农业节水技术 ［J］.节水灌溉 （4）：36-39.

黄永基,陈明.2011-03-25.大力推行节约用水 实施可 持续发展战略——我国节水工作现状及今后发展 ［EB/OL］.http://www.caaws.org.cn/jszx/shjs/201103/ t20110328_ 257675.html.

贾婷.2016-08-08.京城地下水超采何时停 ［N］.京华 时报.

贾立忠,王颖慧,王建中.2010.我国农业水资源利用与 节水农业发展对策研究 ［J］.东方企业文化 （4）：207.

江晶,史亚军.2015.北京都市型现代农业发展的现状、 问题及对策 ［J］.农业现代化研究 （2）：168-173.

江娜 . 2009-08-27. 我国10亿亩旱作耕地成为粮食产能突破新希望 [N]. 农民日报.

节高辉, 屈艳萍 . 2012. 节水文化在节水型社会建设中的作用 [J]. 中国防汛抗旱, 22 (3)：16-19.

赖臻 . 2011-05-05. 北京经近五年努力农业用水效率接近发达国家水平 [N]. 新华社.

雷汉发 . 2013-08-05. 张家口：节水农业的多重效益 [N]. 经济日报.

李锐 . 2010. 推动节水技术落地促进农业可持续发展——北京市发展节水农业的调查 [J]. 农村工作通讯 (15)：53-55.

李祥 . 2016-01-21. 北京市2015年建设高效节水灌溉工程5万亩 [N]. 北京日报.

李单 . 2015-4-17. 北京评选高效节水农业发展先进村 [EB/OL]. 央广网.

李慧, 刘坤 . 2015-10-26. 2015年北京蔬菜节水将达1824万方 [EB/OL]. 光明网.

李庆国, 高杨 . 2014-09-29. 定向高效水润京华 [N]. 农民日报.

李庆国, 芦晓春 . 2016-07-05. "互联网+"时代, 北京为农业插上飞翅 [N]. 农民日报.

李庆国，芦晓春.2016-11-05.标注农业现代化的新刻度——北京"十三五"将全面建成都市型现代农业示范区［N］.农民日报.

李庆国.2012-03-31.北京农田节水灌溉面积已达429万亩［N］.农民日报.

李庆国.2015-01-09.潮县镇率先打造京郊高效节水示范镇［N］.农民日报.

刘菲菲，许国明.2015-09-01.北京市半年节水四千万立方米［N］.京郊日报.

刘雪玉.2016-02-02.2015年北京市农民人均可支配收入超2万元［N］.京华时报.

刘彦领.2014-12-25.2014年以来全国因旱灾造成直接经济总损失910亿元［EB/OL］.中国新闻网.

马金凤.2016-10-06.北京果农买先进农具将获补贴［N］.京华时报.02：02.

马楠.2011.北京市成为全国种业交易交流中心［J］.北京农业（17）：21.

马坦.2016-10-04.未来4年，全国农田灌溉水有效利用系数为0.53［EB/OL］.http://mt.sohu.com/20161004/n469593655.shtml.

裴永刚，李爱杰，肖华.2009.北京市村镇供水水价管理与改革探讨［J］.水利经济，27（4）：37-39.

裴永刚，田海涛.2007.北京市村镇供水工程管理机制探讨［J］.中国农村水利水电（5）：39-42.

彭福茂.2015.发展节水农业的必要性［J］.湖南农业（2）：17.

乔金亮，张雪.2015-06-17.农业节水潜力大［N］.经济日报.

乔金亮.2016-10-04.我国农业仍是第一用水大户 直面农业节水困局［EB/OL］.中国经济网.

乔金亮.2016-10-04.直面农业节水困局［N］.经济日报.

秦志伟.2015-03-18.水资源告急 农业命脉伤不起［N］.中国科学报.

邱振存.2001.京郊节水农业发展展望［J］，北京水利（2）：22-24.

冉连起，金良浚.2011.北京节水型社会战略研究［M］.北京：中国城市出版社.

山仑，康绍忠，吴普特.2004.中国节水农业［M］.北京：中国农业出版社.11.

申碧峰.2008.北京市水价体系及其相关问题［J］.水利经济，26（1）：14-16.

宋卫坤等.2014.北京市农村雨洪利用总结与思考.中国

水利 ［J］（13）：37-39.

唐大明 . 2011. 以色列节水灌溉技术对我们的启示 ［EB/OL］. http：//www. akmwr. gov. cn/Article/Class8/Class17/201108/1650. html.

王兴，高传昌，汪顺生，等 . 2013. 我国农艺节水技术研究进展及发展趋势 ［J］. 南水北调与水利科技 （1）：146-150.

文静 . 2014. 北京年农业用水 7 亿方 将限定农作物每亩用水标准 . ［N］. 京华时报 .

徐宁 . 2016-2-17. 十二五：全国发展高效节水灌溉面积 1.2 亿亩 ［EB/OL］. 新华网 .

许建中，赵竟成，高峰，等 . 2004. 灌溉水利用系数传统测定方法存在问题及影响因素分析 ［J］. 中国水利 （17）：39-41.

许其宽，徐斌 . 2009. 推进节水型社会建设的文化思考 ［J］. 江苏水利 （4）：47-48.

许新宜，王海瑞，刘海军，等，2010. 中国水资源利用效率报告 ［M］，北京：北京师范大学出版社 .

杨林、赵嘉琨等 . 2001. 赴澳大利亚机械化旱作节水农业考察报告 ［J］. 农业技术与装备 （4）：20-22.

佚名 . 2012-3-12. 发展都市型现代农业——打造首都靓

丽的"第一名片"[N].农民日报.

佚名.2014-04-26.市水务局:北京地下水超采15年[N].新京报.

佚名.2015-01-28.北京年均缺水15亿立方人均水资源量不如北非[N].新京报.

佚名.2015-05-16.北京调结构转方式发展节水高效农业[N].农民日报.

佚名.2016-09-20.河北每立方米水粮食产量提高到1.5公斤[N].河北日报.

翟远征,王金生,郑洁琼,等.2011.北京市近30年用水结构演变及驱动力.自然资源学报,26(4):635-643.

张正斌,徐萍,董宝娣,刘孟雨,段子渊,刘斌,朱有光.2005.水分利用效率——未来农业研究的关键问题[J].世界科技研究与发展(2):52-61.

张正斌、徐萍等.2005.水分利用效率未来农业研究的关键问题[J].世界科技研究与发展,27(1):52-61.

赵娜.2016-08-29.地下水超采付出巨大生态和环境代价 北京将逐步实现采补平衡[N].中国环境报.

赵永志.2014-03-26.水肥一体化促农业节水助力现代农业健康发展[N].京郊日报.

赵永志.2014-04-24.都市型现代农业区 可率先实现水肥一体化 [N].农民日报.

赵永志.2014.都市现代农业区可率先实现水肥一体化 [J].中国农业信息（2）：12-14.

朱松梅.2015-05-19.北京市将新建 150 处雨洪利用工程 [N].北京日报.

驻以色列使馆商务处.2009.以色列农业节水灌溉情况简介 [EB/OL].http：//www. mofcom. gov. cn/aarticle/i/dxfw/gzzd/200909/20090906531169. html.

后　　记

本书是北京市科学技术情报研究所张惠娜博士与北京城市系统工程研究中心（首都山区新农村发展研究中心）张伟博士、袁顺全博士共同合作完成的，是从情报学角度理解北京节水农业发展的一次尝试。本书是在北京市科学技术研究院青年骨干项目"基于科技情报支撑的北京都市型节水农业发展对策研究"以及北京市郊区水务事务中心委托项目"首都郊区农村节水政策调查分析"和"农民用水协会及农村管水员队伍建设的有关政策意见调研"相关研究成果基础上，经过修改凝练而成的。作为北京市科学技术研究院青年骨干项目资助成果，本书的出版得到了北京市科学技术研究院的大力支持，在此表示感谢。

由于专业和视野所限，问题在所难免。欢迎各界专家和学者批评指正。